Rheinisch-Westfälische Akademie der Wissenschaften

Natur-, Ingenieur- und Wirtschaftswissenschaften Vorträge · N 362

Herausgegeben von der
Rheinisch-Westfälischen Akademie der Wissenschaften

ERICH SACKMANN

Biomembranen: Physikalische Prinzipien der Selbstorganisation und Funktion als integrierte Systeme zur Signalerkennung, -verstärkung und -übertragung auf molekularer Ebene

KURT SCHAFFNER

Zur Photophysik und Photochemie von Phytochrom, einem photomorphogenetischen Regler in grünen Pflanzen

Westdeutscher Verlag

345. Sitzung am 2. Dezember 1987 in Düsseldorf

CIP-Titelaufnahme der Deutschen Bibliothek

Sackmann, Erich:

Biomembranen: physikalische Prinzipien der Selbstorganisation und Funktion als integrierte Systeme zur Signalerkennung, -verstärkung und -übertragung auf molekularer Ebene / Erich Sackmann. Zur Photophysik und Photochemie von Phytochrom, einem photomorphogenetischen Regler in grünen Pflanzen / Kurt Schaffner. – Opladen: Westdeutscher Verlag, 1988

(Vorträge / Rheinisch-Westfälische Akademie der Wissenschaften: Natur-, Ingenieur- und Wirtschaftswissenschaften; N 362)

ISBN-13: 978-3-531-08362-9 e-ISBN-13: 978-3-322-88211-0

DOI: 10.1007/978-3-322-88211-0

NE: Schaffner, Kurt: Zur Photophysik und Photochemie von Phytochrom, einem photomorphogenetischen Regler in grünen Pflanzen; Rheinisch-Westfälische Akademie der Wissenschaften (Düsseldorf): Vorträge / Natur-, Ingenieur- und Wirtschaftswissenschaften

Der Westdeutsche Verlag ist ein Unternehmen der Verlagsgruppe Bertelsmann.

Herstellung: Westdeutscher Verlag

ISSN 0066-5754

ISBN-13: 978-3-531-08362-9

Inhalt

Kurt Schaffner, Mülheim a. d. Ruhr
Zur Photophysik und Photochemie von Phytochrom, einem photomorphogenetischen Regler in grünen Pflanzen

Biomembranen: Physikalische Prinzipien der Selbstorganisation und Funktion als integrierte Systeme zur Signalerkennung, -verstärkung und -übertragung auf molekularer Ebene

Von *Erich Sackmann*, München

1. Biomembranen: Vielkomponentige Verbundsysteme außerhalb des thermodynamischen Gleichgewichtes

Leben in seiner ganzen Vielfalt wurde erst möglich, als die Natur im Verlauf der Evolution auf den Trick mit der zweidimensionalen Membran kam. Dieser Evolutionssprung brachte mehrere Fortschritte:

Erstens konnten die nur außerhalb des thermodynamischen Gleichgewichtes existenzfähigen lebenden Systeme gegen die tote Umwelt abgegrenzt werden und zwar unter Aufrechterhaltung eines selektiven Stoffaustausches und einer effektiven Signalübertragung zwischen den beiden Welten.

Zweitens konnten sich erst dadurch komplexe lebensfähige Systeme wie die Zelle ausbilden, die auf dem kontrollierten Zusammenspiel funktioneller Kompartimente bestehen.

Last not least sind Membranen der Ort vieler elementarer biochemischer Reaktionen. Die Reduktion auf den zweidimensionalen Raum bringt eine enorme Verbesserung der Effektivität und Kontrollierbarkeit der Prozesse mit sich.

Abb. 1 zeigt ein extrem vereinfachtes Schema einer Zelle, d. h. wie wir alle einmal aussahen, ehe mit dem Urknall der Befruchtung unsere Entwicklung einsetzte. Die Karikatur soll auf die Tatsache hinweisen, daß die Zelle aus einem System funktioneller Untereinheiten aufgebaut ist: (1) dem *Kern* (K), dem Sitz der genetischen Information; (2) dem *Endoplasmatischen Retikulum* (ER) mit den assoziierten *Ribosomen* (R), an dem fast alle Bausteine (von den Lipiden zu den Proteinen) synthetisiert werden; und (3) dem *Golgi-Apparat* (G) der eine Art Zentrallager darstellt. Letzterer spielt eine wichtige Rolle bei der Modifizierung der Zuckerreste der Glykoproteine, beispielsweise bei der Ankopplung negativ geladener Zuckerreste (wie Sialinsäure).

Jedes Kompartiment ist wie die Zelle selbst durch ein Häutchen, die *Biomembran,* abgeschlossen. Die Kommunikation zwischen den Kompartimenten erfolgt durch direkte Diffusion und über Vesikel (s. Abb. 1). Die Plasmamembran beispielsweise regeneriert sich durch Fusion mit Vesikeln, die im ER produziert werden, von dort abspalten und zwecks Modifikation der Glykoproteine mit der

Zwischenstation G fusionieren und schließlich in einem weiteren Fissions-Fusions-Prozeß in die Plasmamembran überführt werden. Die Membran des Endoplasmatischen Retikulums spielt somit auch die Rolle eines Informationsspeichers, der dafür sorgt, daß die bei der Evolution entstandene Zusammensetzung und Organisation der Membranen ständig an die nächste Generation weitergegeben wird und das schon seit einigen Milliarden Jahren.

Abb. 2 zeigt unser heutiges Bild einer einfachen Biomembran: der Hülle (Plasmamembran) der roten Blutzelle. Ein Ingenieur würde dieses dreischichtige Gebilde als Verbundsystem bezeichnen; denn eine Konformationsumwandlung in einem der Elemente (z. B. dem membrangekoppelten Zytoskelett) ruft eine Reorganisation der beiden anderen Elemente hervor.

Das Herzstück der Plasmamembran ist die Lipid/Protein-Doppelschicht, ein extrem kompliziertes Vielkomponentensystem aus Lipiden und Proteinen (adsorbierten und integrierten), an dem eine Vielzahl der biochemischen Reaktionen der Zelle abläuft. Nach außen ist die Membran durch eine ca. 100 Å dicke makromolekulare Schicht (die Glykokalix) abgeschlossen, die aus den Kopfgruppen der Glykoproteine (Copolymeren aus einer Polypeptidkette und Oligozuckern) und der Glykolipide gebildet wird und die eine wesentliche Rolle bei der Zell-Zell-Wechselwirkung spielt. Die Kopfgruppen der Glykoproteine und Glykolipide sind somit die Fühler der Zelle. An die Innenseite der Lipid-Protein-Doppelschicht ist ein quasi-zweidimensionales (möglicherweise fraktales) Netzwerk aus Proteinfilamenten angekoppelt und zwar über Bindungsproteine (wie Ankyrin und Bande IV.1) an integrierte Membranproteine (wie das Blutgruppenantigen Glykophorin oder das Anionentransportsystem mit dem Namen Bande III). Das Zytoskelett verleiht der Plasmamembran einen sehr hohen Grad an mechanischer Stabilität auch bei extrem starken Deformationen, ermöglicht aber gleichzeitig lokale Instabilitäten, wie sie bei der Phagozytose oder bei den Vesikelfusions- bzw. -fissionsprozessen wichtig sind.

2. Die Phospholipide bringen viele Voraussetzungen mit, um ihre Rolle als Grundbausteine der Membran zu erfüllen

Die physikalischen Eigenschaften der Phospholipide und Sphingomyeline sind durch drei Merkmale bestimmt: den elektrischen Zustand der Kopfgruppe, die Länge der hydrophoben Kette und die Zahl der Doppelbindungen.

Welche Rolle spielen Lipide für die Selbstorganisation und Funktion der Membranen? Diese Frage beschäftigt nicht nur den, der sich mit Problemen der physikalisch-chemischen Eigenschaften von Biomembranen beschäftigt, sondern auch Mediziner, die nach den Ursachen krankheitsbedingter Veränderungen der Membranfunktion fragen (z. B. bei Muskeldystrophie) und dabei feststellen, daß die Lipidzusammensetzung der Membranen sehr genau kontrolliert wird und daß viele Krankheiten (bis hin zur Schizophrenie) von einer Variation der Lipidzusammensetzung begleitet sind.

Lipide können eine zweifache Rolle spielen, einmal als Strukturbausteine, welche die laterale Organisation und Beweglichkeit sowie die vektorielle Orientierung der Membranproteine bestimmen. Andererseits erkennt man immer mehr, daß die Lipide entscheidend an der biochemischen Steuerung von Membranprozessen beteiligt sind. Ein prominentes Beispiel ist Phosphatidylinositol (PI), das als eine Art Speicherform mehrerer Botenmoleküle angesehen werden kann, die bei der hormonalen Steuerung zellulärer Vorgänge (z. B. des Zellwachstums) durch biochemische Modifikation eines Lipids freigesetzt werden. Diese Komponente macht etwa 2–8% des gesamten Lipids der Zellmembranen aus.

2.1 Die Selbstorganisation der Lipide in Wasser: Lyotrope flüssigkristalline Zustände

Die Einführung von Phospholipiden mit zwei hydrophoben Ketten brachte einen entscheidenden Fortschritt im Verlauf der Evolution der Membran und zwar aus mehreren Gründen:

Erstens sind sie extrem hydroskopisch und assoziieren sich oberhalb einer kritischen Temperatur (dem „Kraff-Punkt") spontan mit Wasser. Man spricht daher vom Quellen der Lipide in Wasser.

Zweitens sorgt der hydrophobe Effekt dafür, daß die Wasserlöslichkeit der Lipidmoleküle extrem klein ist ($<10^{-10}$ Mol/l für Phosphatidylcholin mit 16 C-Atomen; Abschätzung siehe SACKMANN 1983). Dieser Effekt beruht auf der Ausbildung einer Schicht geordneten Wassers (= Käfig mit eisartiger Struktur) um die hydrophobe Kette. Die damit verbundene Abnahme der Entropie des Lösungsmittels Wasser (= Zunahme der freien Energie) steigt proportional mit der Oberfläche der Ketten und damit der Zahl n_c ihrer C-Atome. Die kritische Mizellkonzentration (die sog. cmc), oberhalb der die Lipidmoleküle aggregieren, steigt jedoch exponentiell mit der Kettenlänge n_c gemäß

$$\mathrm{cmc} = \exp\{(A - Bn_c)/RT\}.$$

Spaltet man beispielsweise von einem Lezithin mit $n_c = 16$ eine Kette ab, so steigt die kritische Konzentration der Aggregation (cmc) von cmc $\approx 10^{-11}$ Mol/l auf 10^{-4} Mol/l an.

Der dritte Evolutionsvorteil hängt mit der Vielfalt von Strukturen zusammen, welche Phospholipide in Wasser ausbilden können. Eine Auswahl ist in Abb. 4 wiedergegeben. Bei hohem Wassergehalt ($>20\%$) entsteht beim Quellen vorwiegend die lamellare Phase, obwohl manche Lipide wie Phosphatidyläthanolamine mit Vorliebe auch im Zustand H_i vorliegen können.

Bei zunehmender Verdünnung schließlich entsteht die isolierte, geschlossene Formen bildende Lipiddoppelschicht: die Grundstruktur der Biomembran. Wie wir unten sehen werden, zeichnen sich diese Vesikel durch eine erstaunlich hohe mechanische Stabilität aus. Das Vesikel aus einer isolierten Lipidschicht ist somit das Nullmodell einer biologischen Membran.

Vesikel bestechen durch ihren Formenreichtum, von dem Abb. 5 nur eine kleine Auswahl wiedergibt. Sehr kleine Bläschen von rund 100 Å Durchmesser erhält man durch Beschallen der Lipiddispersion. Bei reinem Quellen in Überschußwasser bilden sich sehr große Riesenvesikel von einigen 10 μm Durchmesser, die nur aus einer Doppelschicht bestehen. Wie Abb. 5d außerdem zeigt, können Riesenvesikel allein durch Variation der äußeren Bedingungen (hier Temperaturvariation) zwischen verschiedenen Formen hin- und hergeschoben werden. Der Übergang von der mittleren zur rechten Form ist völlig analog dem zu Beginn der Phagozytose. Einfache Vesikel können also schon viele Formumwandlungen der viel komplexeren Zellen aufweisen. Ein anderes interessantes Phänomen zeigt Abb. 5b: Bei Kristallisation der Lipidschicht bleiben selbst Riesenvesikel stabil, nehmen aber eine polygonale Form an, da die Lipidschicht eine starke Tendenz zur Ausbildung ebener Flächen besitzt.

2.2 Lipiddoppelschichten können in zwei Zuständen (Phasen) existieren

Dies ist eine weitere Fundamentaleigenschaft der Lipide, die für die Ausbildung lokaler organisierter Bereiche in Membranen eine wesentliche Rolle spielt. Vor allem aufgrund dieser Phasenumwandlungen sind bi- bzw. monomolekulare Filme aus Amphiphilen als Modellsysteme auch im Bereich der Physik niederdimensionaler Systeme populär geworden.

Unterhalb einer Umwandlungstemperatur T_m bilden die hydrophoben Ketten ein Dreiecksgitter, die Kopfgruppen dagegen ein orthorhombisches Gitter; man spricht daher von „frustrierten Phasen“. Diese Diskrepanz zwischen den von den Kopfgruppen bzw. den Ketten bevorzugten Kristallstrukturen führt u.a. dazu, daß die Kristallstruktur durch sehr viele Defekte aufgelockert ist.

Die Umwandlungstemperatur isolierter Lipidschichten hängt sehr empfindlich von der Struktur der Lipide ab. Sie steigt mit der Kettenlänge an, fällt mit zunehmender Zahl ungesättigter Bindungen sehr stark ab und ist für ein Lipid im ungeladenen Zustand höher als im geladenen (Sackmann 1983). Viele dieser Effekte lassen sich damit erklären, daß die laterale Packungsdichte der Lipide beim Kettenschmelzen um ca. 20% zunimmt, so daß die Faustregel gilt: je größer die Packungsdichte der Lipide, um so höher der Schmelzpunkt. Eine analoge Gesetzmäßigkeit, die Lindmann'sche Regel, ist in der Metallphysik wohlbekannt. Sie erklärt vor allem die unten zu besprechenden ladungsinduzierten Phasenumwandlungen. Die Umwandlungstemperaturen der natürlichen Lipide liegen etwas unterhalb der physiologischen Temperatur. In Gegenwart von Ionen (wie Ca^{++}) oder geladenen Proteinen kann sie jedoch für geladene Lipide auch darüber liegen.

2.3 *Die Formenkonzeption der Membranologie*

Das Verhalten der Lipide hängt entscheidend von ihrer Form ab, wie beispielsweise vom relativen Flächenbedarf der Kopfgruppe und der Ketten. Diese wiederum ist eine Funktion der Zahl der Doppelbindungen, die den Flächenbedarf der Ketten stark erhöhen. Lipide mit kleinen Köpfen wie Äthanolamin neigen eher zur Bildung der invertierten mizellaren Phase H_i als solche mit großen Kopfgruppen wie Lezithin, welche die lamellare Phase bevorzugen. Letztere dagegen bilden kristalline Phasen mit kollektiv geneigten Ketten (s. Abb. 6), da nur so der mittlere Kettenabstand einen optimalen Wert annehmen kann.

Diese Zusammenhänge zwischen molekularer Form und Struktur der lyotropen Flüssigkristalle aus Lipid und Wasser führten zur Aufstellung von Regeln, die wichtige praktische Hinweise geben, welche Lipide man auswählen muß, um bei gegebener Temperatur oder Ionenstärke des wässrigen Mediums einen bestimmten (lyotropen oder thermotropen) flüssigkristallinen Zustand zu erhalten. Auch die Natur nutzt diese Regeln zwischen Form der Lipide und physikalischer Eigenschaft der Membranen in vielfältiger Weise aus: kälteresistente Pflanzenzellen z. B. enthalten mehr ungesättigte Lipide als der Wildtyp; Zellen und Bakterien passen die Lipidzusammensetzung an die Umgebungstemperatur an.

2.4 *Phasenseparation, Domänenbildung und Selbstorganisation biologischer Membranen*

In der Metallurgie weiß man seit altersher, daß man durch geschickte Kombination der Atome dem Material jede gewünschte Eigenschaft (Härte, Zähigkeit, Rostfreiheit) geben kann. Die makroskopische Eigenschaft ist durch die mikroskopische Organisation der Komponenten bestimmt. Die Natur nutzt denselben Trick des Legierens aus, um die Membran für ihre Funktion zu konditionieren. Cholesterol beispielsweise unterdrückt die Kristallisation des Lipids und sorgt so für eine Stabilisierung der flüssig-kristallinen Phase über einen großen Temperaturbereich.

Mischt man zwei Phospholipide, so findet Phasentrennung statt, wenn die beiden reinen Komponenten bei gegebener Temperatur in verschiedenen Phasenzuständen vorliegen. Es können nun zwei Situationen eintreten: Zerfall in zwei Populationen (heterogene Phasentrennung) oder laterale Separation der Komponenten in der Ebene der Membran (laterale Phasentrennung). Die zweite Situation ist eine Folge der Stabilisierung der Membran durch Domänenbildung, wie wir unten sehen werden.

Wie aus der Metallurgie bekannt, wird das Verhalten von Lipidmischungen vollständig durch Phasendiagramme beschrieben, die mittels einer Fülle von Methoden wie Kalorimetrie, Spektroskopie, Neutronenkleinwinkelstreuung (siehe SACKMANN 1983) erstellt werden können. Im allgemeinen tritt Phasentrennung nur auf, wenn eine der Komponenten flüssig-kristallin (smektisch A) und die andere kristallin ist (smektisch B). Falls beide Komponenten sehr unterschiedliche Kettenlängen haben, können jedoch auch im fluiden Zustand kritische Entmischungsphänomene auftreten (SACKMANN 1983). Biologische Membranen sind unter physiologischen Bedingungen fluid. Trotzdem ist zu erwarten, daß in Gegenwart von Proteinen Entmischungsphänomene auftreten, wenn man sich in der Nähe einer Phasengrenze oder eines kritischen Entmischungspunktes befindet, und zwar aufgrund der unten diskutierten selektiven Lipid/Protein-Wechselwirkung.

Vom biologischen Standpunkt besonders interessant sind elektrisch induzierte Entmischungsprozesse, durch Adsorption von Ca^{++} oder geladenen Proteine (wie Spektrin) an Phosphatidylserin enthaltende Membranen. Diese sind eine Folge der induzierten Kristallisation der geladenen Komponente. Ein interessantes Modellsystem, die durch Adsorption von Polylysin induzierte Entmischung, zeigt Abb. 7. Die mittels Gefrierätz-Elektronenmikroskopie gewonnene Aufnahme der Oberflächentextur zeigt kleine Ausstülpungen (Domänen) aus geladenem Lipid mit adsorbiertem Polypeptid. Die domänenartige Organisation der Membran ist über längere Zeit stabil; es hat sich gezeigt, daß dieses Phänomen universell auftritt.

Die Stabilisierung der Domänenstruktur läßt sich auf der Basis der elastischen Eigenschaften der Membran verstehen, und zwar als Folge der unterschiedlichen spontanen Krümmung der entmischten Phasen (SACKMANN 1983). Dadurch entsteht am Rand ein Bereich, in dem die Lipide ihre mittlere Orientierung ändern müssen (s. Abb. 7b), was mit einem Aufwand an elastischer Energie verbunden ist. Es ist leicht einzusehen, daß der Grad der Auffächerung – und die damit verbundene positive Randenergie der Domäne – mit ihrer Größe zunimmt. Dadurch wird das Wachstum der Domänen gehemmt und das Vesikel bleibt stabil. Ist dies nicht der Fall, so findet heterogene Entmischung statt. Die Orientierungselastizität der Lipidschicht spielt also eine wichtige Rolle für die Stabilisierung der Vesikel.

Sowohl die lateralen als auch die heterogenen Entmischungsprozesse können in biologischen Membranen eine Rolle spielen; die heterogene Phasentrennung beispielsweise bei der Abspaltung von Vesikeln vom Endoplasmatischen Retikulum oder dem Golgi-Apparat (s. Abb. 1) und die homogene (laterale) bei der Ausbildung spezialisierter Bereiche in der Plasmamembran, wie zweidimensionalen Enzymaggregaten und „coated pits“ (s. Abb. 9).

Im ersteren Fall wird die Entmischung durch Bildung kristalliner Lipid/Protein-Komplexe hervorgerufen, im letzteren durch Adsorption von Proteinen, wie dem Clathrin. Die Entmischung durch Adsorption ist die biologisch interessanteste. Sie ermöglicht eine externe Steuerung der Membranprozesse. Die Natur kann sich dabei die Zweidimensionalität der Membranen zunutze machen, um Signale vom Außenmedium ins Zellinnere zu übertragen.

2.5 *Lipidschichten als elektrische Isolatoren*

Das Leben einer Zelle hängt entscheidend von guten Isolatoreigenschaften der Membranen ab. Auch in dieser Hinsicht erfüllen Lipidschichten ihre Aufgaben hervorragend. Wie man aus Experimenten an planaren (= schwarzen) Membranen weiß (Läuger 1985), ist deren Ionenleitfähigkeit sehr klein und entspricht der eines guten Isolators für Elektronen. Die Durchbruchfeldstärke liegt bei ca. 10^5 V/cm und bestimmt die maximale Spannung, die über einer Zelle aufgebaut werden kann (ca. 100 mV).

Die gute Isolatoreigenschaft der Lipidschicht ist eine Folge ihrer sehr geringen (festkörperartigen) lateralen Kompressibilität. Diese verhindert die spontane Bildung von Poren durch thermische Dichtefluktuationen. In der Tat folgt aus der Theorie thermisch getriebener Fluktuationen, daß die Permeabilität proportional mit der lateralen Kompressibilität der Lipidschicht wächst. Aus diesem Grund steigt die Permeabilität, wenn man sich einer Phasenumwandlung nähert oder einer Phasengrenze bei der Entmischung in eine fluide und eine kristalline (kondensiertere) Phase, da dann jedesmal die Kompressibilität stark zunimmt. Die Porenbildung wird auch drastisch erleichtert durch den Einbau amphiphiler Moleküle (wie Tenside) mit starker Tendenz zur Mizellbildung. Ursache ist die Reduktion der Grenzflächenenergie entlang des Randes der Pore (Randspannung), und zwar dadurch, daß die Tenside mit großen Köpfen und kleinem Flächenbedarf der Kette eine hohe Krümmung am Porenrand ermöglichen (s. Abb. 8a). Eine andere Möglichkeit besteht in der Abdeckung des hydrophoben Randes eines Loches in der Lipidschicht mit langgestreckten Molekülen, deren eine Hälfte hydrophob, während die andere hydrophil ist, wie in Abb. 8b illustriert. Ein Beispiel für letzteres ist Desoxycholat, ein Molekül mit schildkrötenartiger Form aus einem hydrophoben Bauch und einem hydrophilen Rücken (mit einer negativen Ladung).

Die Bedeutung der Lipiddoppelschicht als Isolator wird besonders an der Wirkung des Komplements klar, das vom Immunsystem benutzt wird, um Löcher in Zellen zu erzeugen. Der physikalische Trick besteht dabei in der Produktion amphiphatischer Proteine, die aufgrund des hydrophoben Effekts in die Membran eindringen. Eingeleitet wird der Prozeß durch die Bindung von Antikörpern (z. B. IgG) an membranständige Antigene und die nachfolgende Kopplung eines Multienzymkomplexes – dem Komplementsystem – an den F_c-Teil des IgG. Die durch diese Kopplung ausgelöste Enzymkaskade führt zur Bildung eines amphiphatischen Proteins (der Komponente C9), das sehr wahrscheinlich (ähnlich dem Desoxycholat) aus einer hydrophoben und einer hydrophilen Hälfte besteht und dadurch eine sehr große hydrophile Pore bilden kann. Der Zusammenbruch des Membranpotentials führt zum Tod der Zelle.

2.6 Elektrisch induzierte Modulation der Membranstruktur

In Gegenwart geladener Lipide läßt sich die Struktur und Dynamik der Membranen sehr effektiv elektrostatisch steuern, wobei wieder die Zweidimensionalität eine entscheidende Rolle spielt. Die Faszination solcher Mechanismen besteht in den vielfältigen Möglichkeiten zu lipidvermittelten Konformationsumwandlungen unter isothermen Bedingungen. Ein anderes interessantes elektrisches Phänomen ist die Flexoelektrizität von Membranen (s. dazu Abb. 12) und schließlich gibt es Hinweise auf strukturbedingte ferroelektrische Eigenschaften.

Die ladungsinduzierten Konformationsumwandlungen können letztlich alle auf den lateralen elektrischen Druck Π_{el} zurückgeführt werden, der aufgrund der elektrostatischen Wechselwirkung der Lipid- (bzw. Protein-) Kopfgruppen entsteht. Dieser hängt wiederum vom Dissoziationsgrad (α) der Kopfgruppen ab. Der Zusammenhang zwischen diesen beiden Größen wird durch die bekannten Formeln der Guy-Chapman-Theorie hergestellt:

$$\Delta\Pi_{el} = 6{,}1\sqrt{c}\left\{\cosh\left(\frac{e\Psi_0}{k_B T}\right) - 1\right\}; \quad \Psi_0 = \frac{2 k_B T}{e}\,\mathrm{arcsinh}\left\{\frac{134\,\alpha}{A\sqrt{c}}\right\},$$

wobei cosh und sinh die hyperbolischen Funktionen sind, c die Ionenkonzentration des wässrigen Mediums und A die Fläche pro Lipid darstellt.

Jede Änderung des elektrostatischen Drucks (durch Variation einer der Parameter c, α, A) führt (nach der Clausius-Clapeyron-Beziehung) zu einer Verschiebung der Umwandlungstemperatur der Lipidschicht um $\Delta T_m = (\Delta A/\Delta S)\,\Delta\Pi_{el}$, wobei ΔA und ΔS die Änderung der Fläche bzw. die Umwandlungs-Entropie bei der smektisch A-smektisch B-Umwandlung sind. Die Verschiebungen sind sehr beträchtlich: beispielsweise beträgt $\Delta T \approx +10°$ C bei einer Änderung des Ladungszustandes um eine Elementarladung oder bei der Adsorption von Polylysinen

(Sackmann 1983). Noch stärkere Effekte bewirkt die Adsorption von Ca^{++} ($\Delta T \approx +30°C$). In Anbetracht dieser starken Verschiebungen können solche ladungsinduzierten Umwandlungen durchaus eine physiologische Rolle spielen, beispielsweise bei der Ca^{++}-getriggerten Fusion der synaptischen Bläschen mit der präsynaptischen Membran.

Ein anderes realistisches Beispiel ist die in Abb. 2b erwähnte elektrostatische Kopplung des Spektrins an Phosphatidylserin (die durch Ca^{++} oder andere Ionen rückgängig gemacht werden kann). Da die Elastizität eines Spektrinfilaments von der Stärke seiner Kopplung an die Lipidschicht abhängt, eröffnen sich Möglichkeiten zur Steuerung sowohl der Deformierbarkeit als auch der Form der Zellen (s. dazu Kapitel 3).

Zwei weitere wichtige Effekte sind die ladungsinduzierte Domänenbildung und die Asymmetrie der Lipidverteilung zwischen Zytoplasma und Außenraum. Ersteren Effekt zeigt Abb. 7 am Beispiel eines Modellexperiments. Die asymmetrische Verteilung der Lipide zwischen innerer und äußerer Monoschicht ist eine wichtige Voraussetzung für das Leben. Die elektrischen Eigenschaften der Membran liefern zwei Beiträge zur Stabilisierung dieser Asymmetrie: das Membranpotential V_m und die elektrostatische Wechselwirkung geladener Lipide (wie Phosphatidylserin, PS) mit Proteinen (z. B. dem Spektrin), wobei ersterer Mechanismus wohl den Hauptbeitrag liefert. Das Verhältnis der Zahl der einfach negativ geladenen PS-Moleküle in der äußeren (n_0) zu der in der inneren (n_i) Monoschicht ist nämlich nach Boltzmann $n_0/n_i = \exp\{-eV_m/k \cdot T\}$. Für ein übliches Potential von $V_m \approx -70$ meV ist $n_0/n_i \approx 1:9$ ($k \cdot T \approx 0{,}025$ eV bei 300 Kelvin), d. h. das Membranpotential reicht aus, um fast alles Phosphatidylserin in der inneren Monoschicht der Plasmamembran festzuhalten.

2.7 Geladene Lipide als unspezifische Rezeptoren

Darunter verstehe ich die oben beschriebene starke unspezifische Bindung vieler Proteine an Membranen, welche geladene Lipide (wie PS) enthalten. Ein interessantes Beispiel ist Spektrin, das stark an PS-haltige Vesikel bindet, obwohl es ebenfalls eine hohe negative Überschußladung besitzt. Sehr wahrscheinlich ordnet sich das adsorbierte (polyelektrolytische) Protein dabei so an, daß die positiven Seitengruppen in engem Kontakt mit der Lipid/Wasser-Grenzfläche stehen, was möglicherweise eine Konformationsumwandlung des Proteins bei der Adsorption beinhaltet. Auch kleine Proteine wie Insulin oder Transferrin binden stark an PS-haltige Membranen.

Ein besonderes interessantes Beispiel ist die Palmitinsäure, die nach neuesten Experimenten α-Actinin an Membranen koppeln kann. Die Bindung scheint eine wichtige Rolle bei der Kopplung der Aktinfilamente an Membranen zu spielen, wobei der α-Aktinin/Palmitinsäure-Komplex als Rezeptor fungiert. Die Palmitinsäure wird in der Zellmembran durch Phospholipase C erzeugt, die ihrerseits nach Hormonbindung stimuliert wird. Dieser Prozeß spielt bei der Kontrolle der zellulären Bewegungsvorgänge eine wichtige Rolle.

2.8 *Die Membran als dynamisches System*

Die Funktionsfähigkeit der biologischen Materie ist in viel stärkerem Maße als technische Materialien von der molekularen Dynamik abhängig. Der flüssig-kristalline (smektisch A) Zustand der Lipidschicht gewährleistet eine schnelle molekulare Beweglichkeit unter Aufrechterhaltung eines hohen Maßes an Ordnung. Es gibt eine Fülle von Hinweisen, daß membranständige Proteine nur optimal funktionieren, wenn die Lipidmatrix flüssig-kristallin ist. Die Natur paßt dazu die Lipidzusammensetzung an die Umgebungstemperatur an. Ein hoher Anteil an ungesättigten Kohlenwasserstoffketten erhält den smektisch-A-Zustand bis zu sehr tiefen Temperaturen aufrecht, beispielsweise im Falle kälteresistenter Pflanzen (s. dazu auch Abschnitt 2.3).

Es gibt eine ganze Hierarchie von Bewegungsformen, wie Abb. 10b zeigt:

1. Am kurzen Ende der Zeitskala steht die *Diffusion der Kettendefekte,* die sich mit Sprungzeiten von $\tau = 10^{-10}$ s entlang der hydrophoben Ketten bewegen. Sie ist bestimmt durch das Rotationspotential, welches die gehinderte Rotation um die C-C-Bindung charakterisiert. Die Aktivierungsenergie für diese Rotation beträgt $\Delta G^* \approx 0{,}1$ eV und die Defekte diffundieren daher unter physiologischen Bedingungen ($k_B T \approx 0{,}025$ eV) recht schnell entlang der Ketten.

Aus diesem Bild folgt, daß entgegen üblicher Meinung die Beweglichkeit der Ketten mit —C=C—Bindungen erheblich eingeschränkt ist, da die Doppelbindung eine unüberwindliche Barriere für die Defektdiffusion darstellt.

2. Die *Rotationsdiffusion* und die *vertikale Zitterbewegung* der Lipide kann in direkter Weise mittels dynamischer Neutronenbeugung an orientierten Lipidschichten gemessen werden. Die Korrelationszeit der Rotation beträgt ca. 10^{-11} s. Die vertikale Bewegung der Moleküle erfolgt mit einer Amplitude von ca. 3 Å und hat Sprungzeiten von ca. 10^{-10} s.

3. Die *undulatorischen Anregungen* der Membran sind charakterisiert durch die Wellenlänge Λ, die Amplitude U_Λ und die Relaxationszeit τ. Sie hängen entscheidend davon ab, ob die Vesikel oder Zellen kugelförmig sind (z. B. Lysosomen, Viren) oder nicht (wie beispielsweise Erythrozyten). Im ersteren Fall ist die Anregung mit einer lateralen Expansion der Membran verknüpft, was aufgrund der geringen lateralen Kompressibilität nur kleine Amplituden ermöglicht, typischerweise 10 Å. Ganz anders im letzteren Fall, in dem die Membranen Minimalflächen

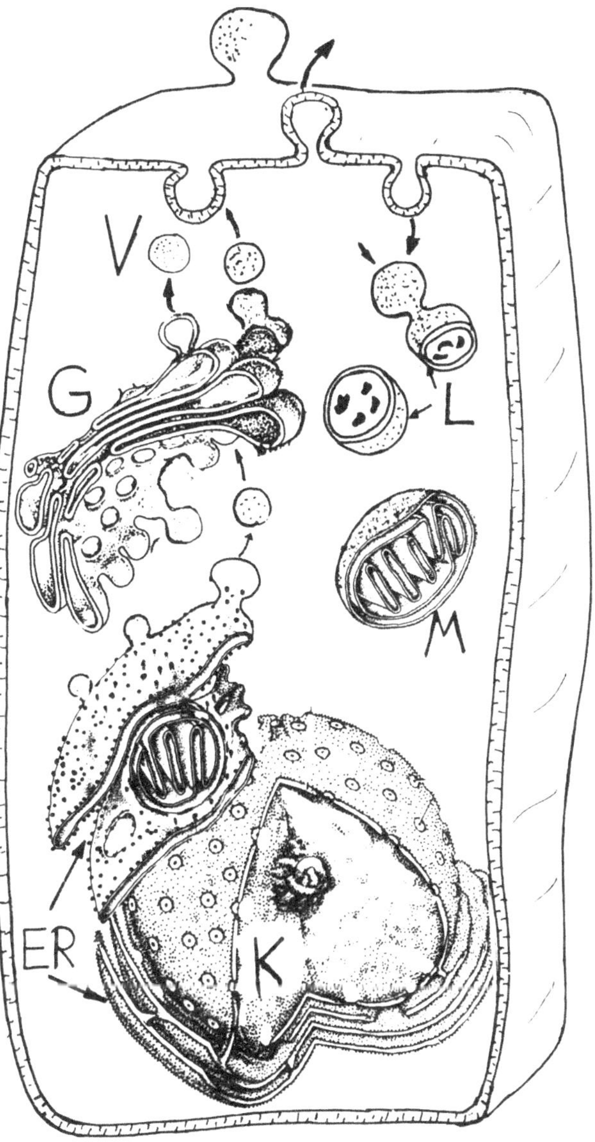

Abb. 1: Extrem vereinfachter schematischer Aufbau einer Zelle aus abgeschlossenen funktionellen Kompartimenten: dem Kern (K), den Mitochondrien (M), den Lyosomen (L), dem Endoplasmatischen Retikulum mit Ribosomen (ER), dem Golgi-Apparat (G). Die Kommunikation zwischen den letzteren Kompartimenten und der Zellplasmamembran erfolgt über Vesikel (V). Die dazu notwendige dauernde Abspaltung und Refusion der Vesikel durch kontrollierte Instabilität der Membranen unterstreicht den hohen Grad an Dynamik. Weggelassen wurde das Netzwerk aus Proteinfilamenten (wie das Aktinnetzwerk und die Mikrotubili), die das Zytoplasma zu einem hochorganisierten System machen.

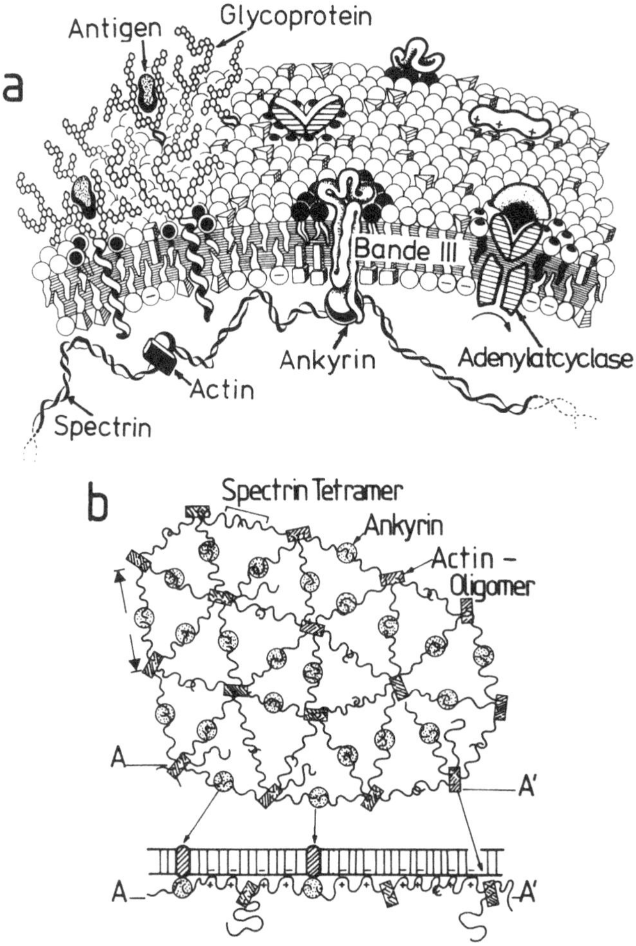

Abb. 2: a) Karikatur einer Zellplasmamembran aus der Sicht dessen, der an die Bedeutung der Lipide für die Selbstorganisation der Membranen glaubt. Die Membran besteht aus drei Schichten: erstens der Glykokalix, welche die Kommunikation mit der Umgebung vermittelt, zweitens der zentralen Lipid/Protein-Membran, an der eine Vielzahl der biochemischen Reaktionen der Zelle abläuft und die gleichzeitig als semipermeabler elektrischer Isolator wirkt, und schließlich (drittens) dem membrangekoppelten Zytoskelett, das im Fall der Erythrozyten quasi-zweidimensional ist. Es sorgt für die erstaunliche Kombination von Flexibilität und mechanischer Stabilität der Zellplasmamembranen.

b) Schematische Darstellung des quasi-zweidimensionalen Spektrin/Aktin-Netzwerkes der Erythrozyten. Die Vernetzung der Dimere des Spektrins erfolgt auf zwei Weisen: durch Selbstassoziation und durch Oligomere des Actins. Im ersteren Fall handelt es sich um bifunktionelle und im letzteren um multivalente Vernetzungspunkte. Die Kopplung an die innere Monoschicht der Membran wird mehreren Mechanismen zugeschrieben: (1) der Assoziation an das Anionentransportprotein Bande-III durch Ankyrin, (2) der Kopplung des Actins an Glykoproteine durch das Kopplungsprotein Bande-IV.1 und (3) der elektrostatischen Kopplung des Spektrins an Phosphatidylserin, einer geladenen Lipidkomponente.

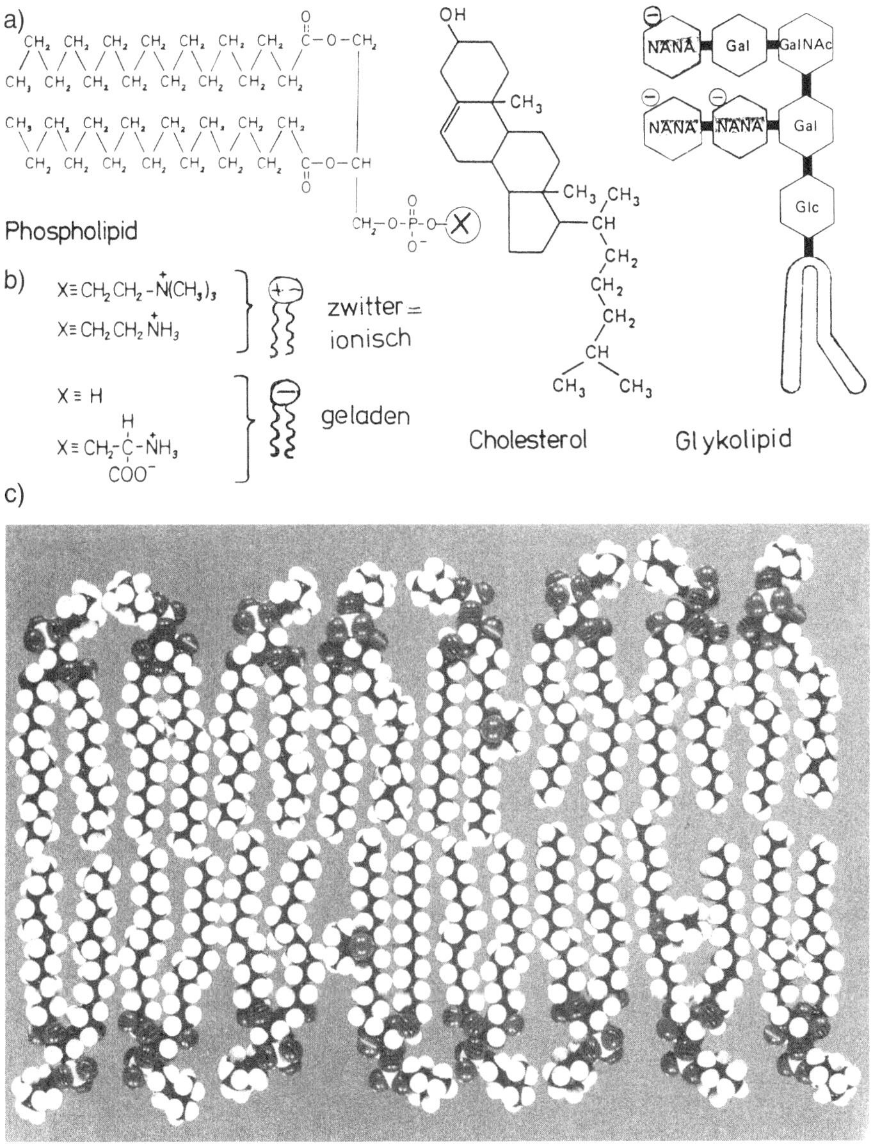

Abb. 3: a) Wichtigste Lipide der Biomembranen: Phospholipide (≈ 50%), Cholesterol (≈ 45%), Glykolipide (≈ 5%). Die Zahlen in Klammern geben die relativen Anteile in der Plasmamembran der Erythrozyten an. Allen gemeinsam ist der polare Aufbau aus hydrophober (wasserabstoßender) Kette und hydrophiler (wasserliebender) Kopfgruppe. Letzterer kann einfach (wie das Phosphatidylserin) oder mehrfach (wie Glykolipide) geladen sein oder in zwitterionischer Form vorliegen (wie die Lezithine).
b) Zur chemischen Struktur der Kopfgruppen.
c) Kalottenmodell eines Schnittes durch eine Lipid-Doppelschicht.

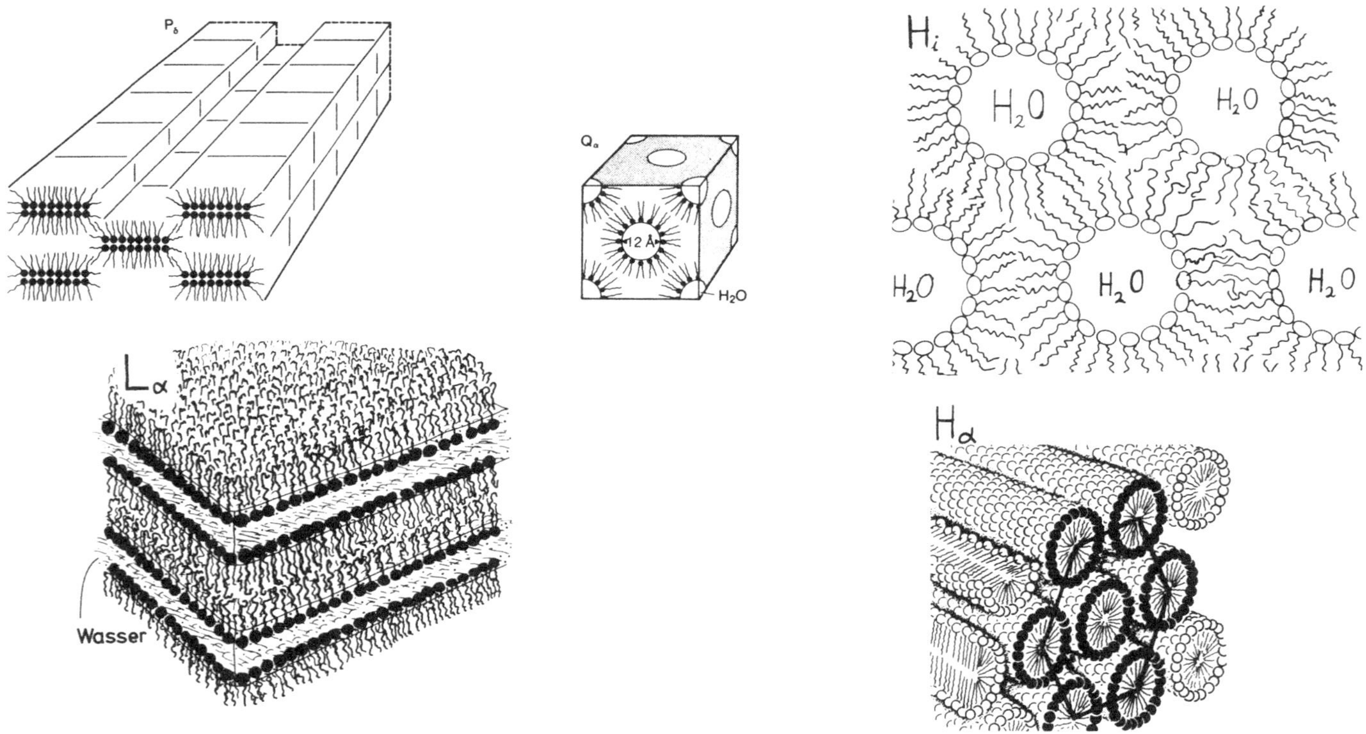

Abb. 4: Lyotroper Polymorphismus der Phospholipe in Wasser (s. SACKMANN 1983). Die oberen drei Phasen, die Bänderphase (P_δ), die kubische Phase Q_α und die invertierte hexagonale Phase (H_i), beobachtet man bei sehr geringem Wassergehalt und hohen Temperaturen, während die unteren Zustände, die lamellare Phase und der mizelläre Zustand, bei hohem H_2O-Gehalt (> 20%) dominieren. Biologisch sind vor allem die lamellare Phase (die Lipiddoppelschicht) und in zweiter Linie der mizelläre Zustand und die H_i-Phase von Interesse. Eine weitere Phase kubischer Symmetrie besteht aus zwei ineinandergeschachtelten Systemen von wassergefüllten Röhren und spielt vorwiegend bei Mikroemulsionen eine Rolle.

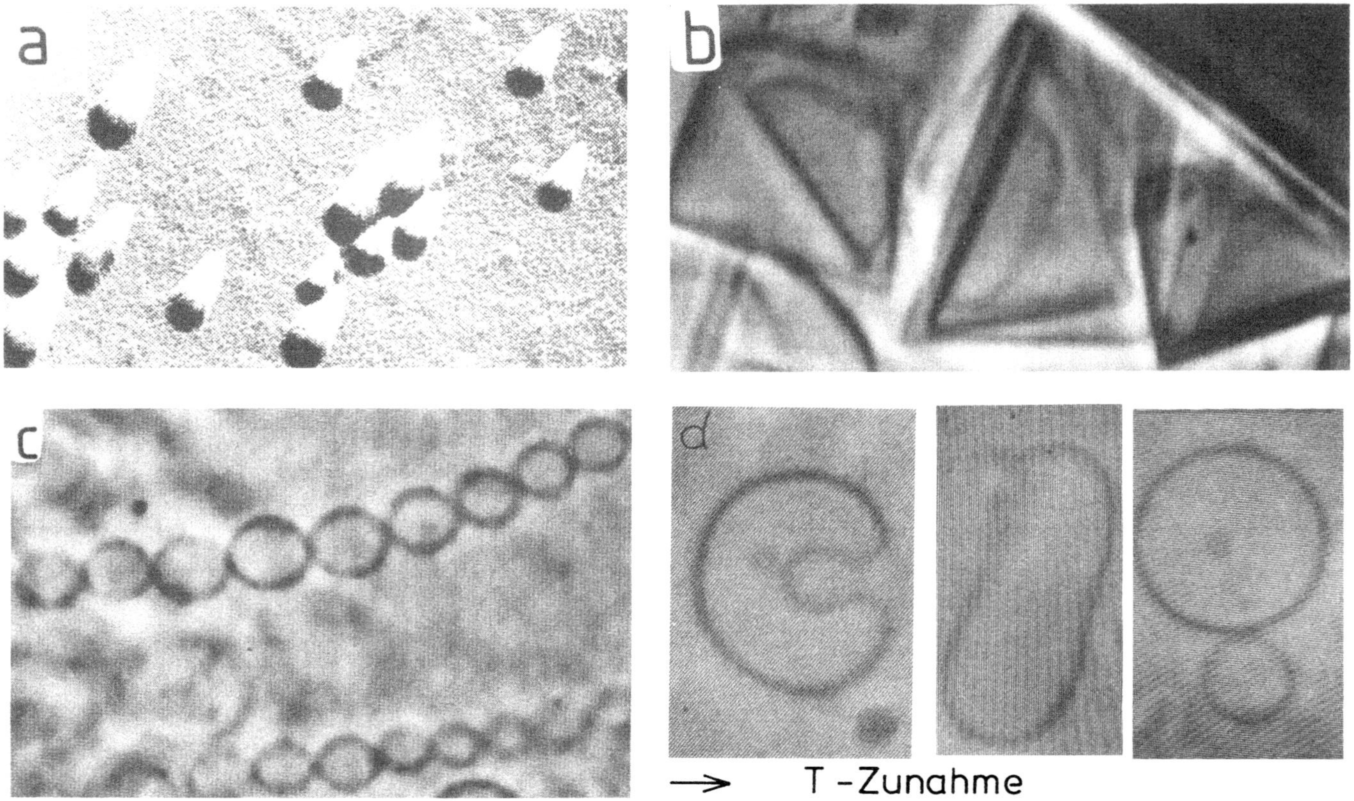

Abb. 5: Zur Formenvielfalt von Vesikeln
a) Gefrierätzelektronenmikroskopie-Aufnahmen von Mikrovesikeln mit einem Durchmesser von 200 Å
b) Vesikel mit polygonaler Form als Folge einer Kristallisation der Lipiddoppelschicht
c) Perlschnurkette aus aneinandergekoppelten Vesikeln
d) Phasenkontrastmikroskopische Aufnahme eines Riesenvesikel (von 20 μm Durchmesser), das bei Varation der Temperatur (d. h. der spontanen Krümmung) drei völlig verschiedene Formen annimmt. Von links nach rechts: Temperaturerhöhung von 35° bis 42 °C. Die Formumwandlungen sind reversibel und erinnern an die initialen Prozesse der Endocytose (links) oder Knospung (rechts).

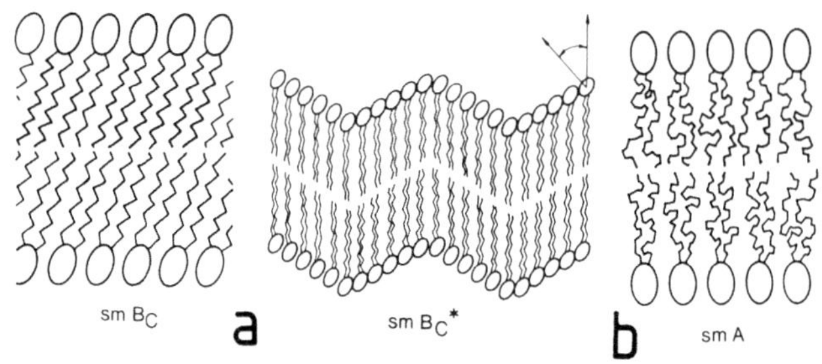

Abb. 6: Die zwei Zustände der Lipidschicht: die quasikristalline Phase (= smektisch B, Bilder links), bei der die Ketten völlig gestreckt sind (all-trans-Zustand) und die flüssig-kristalline Phase (= smektisch A, Bild rechts). Es gibt mehrere kristalline Modifikationen. Der Übergang smektisch B nach smektisch A ist vom Kettenschmelzen begleitet. Auf molekularer Ebene läßt sich dies als Einbau von Defekten mit nicht-trans-Konfiguration in die CH_2-Ketten (auch Kettendefekte genannt) interpretieren. Zwei typische Defekt-Konfigurationen sind in Abb. 10 dargestellt (nach SACKMANN 1983).

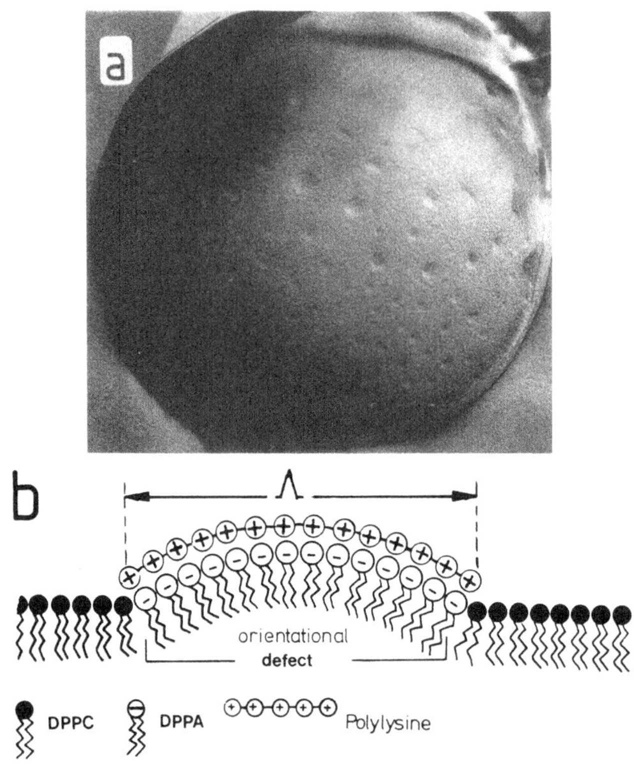

Abb. 7: a) Elektronenmikroskopische Aufnahme (mittels Gefrierätztechnik) eines Vesikels mit Domänenstruktur. Diese entsteht durch laterale Phasenseparation nach Adsorption eines geladenen Polypeptids (Polylysin), das elektrostatisch an die geladene Komponente der aus Phosphatidsäure und Lezithin aufgebauten Membran bindet. Ausgelöst wird der Zerfall in zwei Phasen durch Kristallisation der geladenen Komponente aufgrund der elektrostatischen Kopplung.
b) Stabilisierung einer Domäne durch Auffächerungsdeformation (splay deformation) an deren Rand als Folge der unterschiedlichen spontanen Krümmungen der beiden Phasen. Diese elastische Randenergie wächst offenbar mit dem Radius der Domäne und liefert einen stabilisierenden Mechanismus.

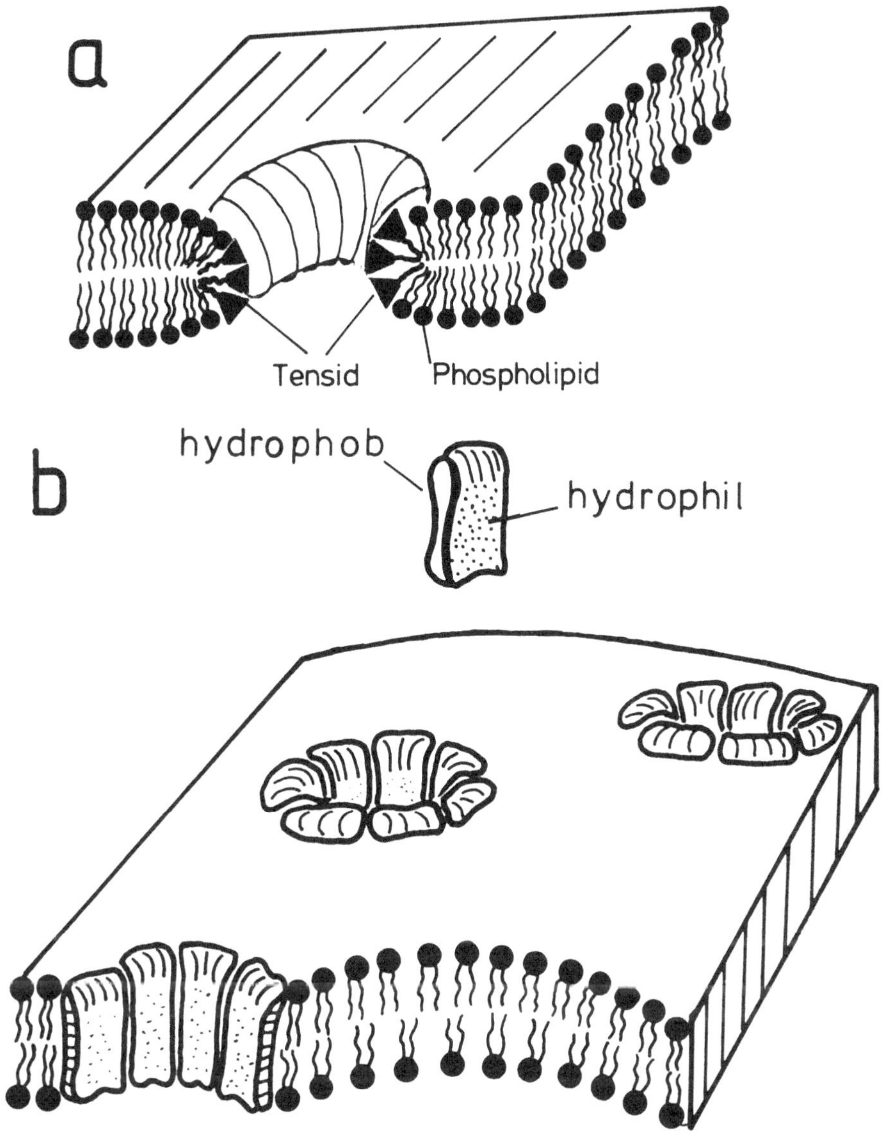

Abb. 8: Möglichkeiten der Porenbildung in einer Lipiddoppelschicht durch Reduktion der Randspannung
a) Stabilisierung eines Randes durch Einbau einkettiger amphiphatischer Moleküle, die eine hohe Krümmung senkrecht zur Randlinie der Pore ermöglichen.
b) Stabilisierung einer Pore durch Auskleidung der hydrophoben Wand einer Öffnung in der Lipiddoppelschicht mit amphiphilen Proteinen. Modelle der Porenbildung durch das Komplementsystem und der Zerstörung einer Tumorzelle durch Killerzellen (Spektrum der Wissenschaft März 1988).

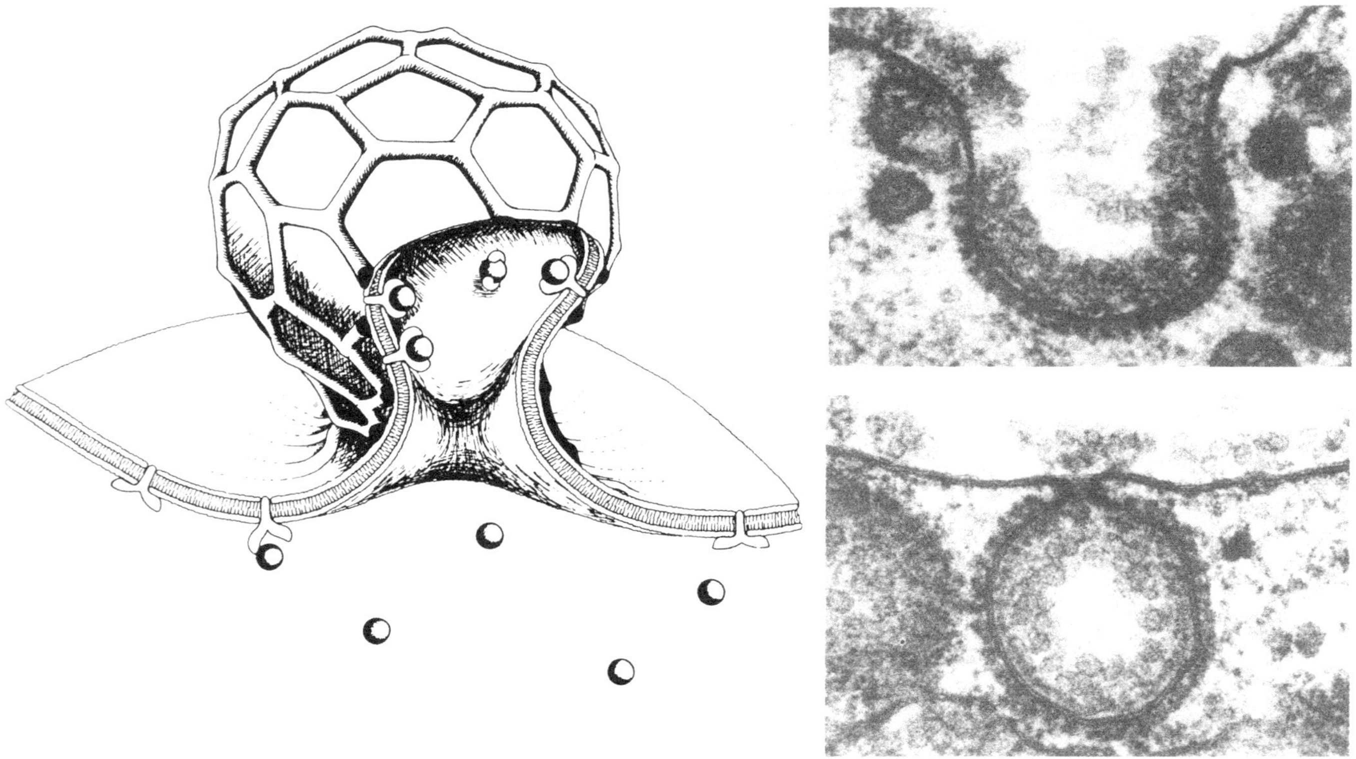

Abb. 9: Stabilisierung spezialisierter Bereiche in Biologischen Membranen. Lokale Einstülpung in Plasmamembran, die durch Adsorption eines Proteingeflechts aus sog. Clathrin stabilisiert wird. Physikalisch ausgedrückt induziert das Protein eine lokale spontane Krümmung. Aufgrund des im Elektronenmikroskop sichtbaren Mantels nennt man die Einstülpungen im Englischen *coated pits*. Links: Modell; rechts: E. M.-Aufnahme.

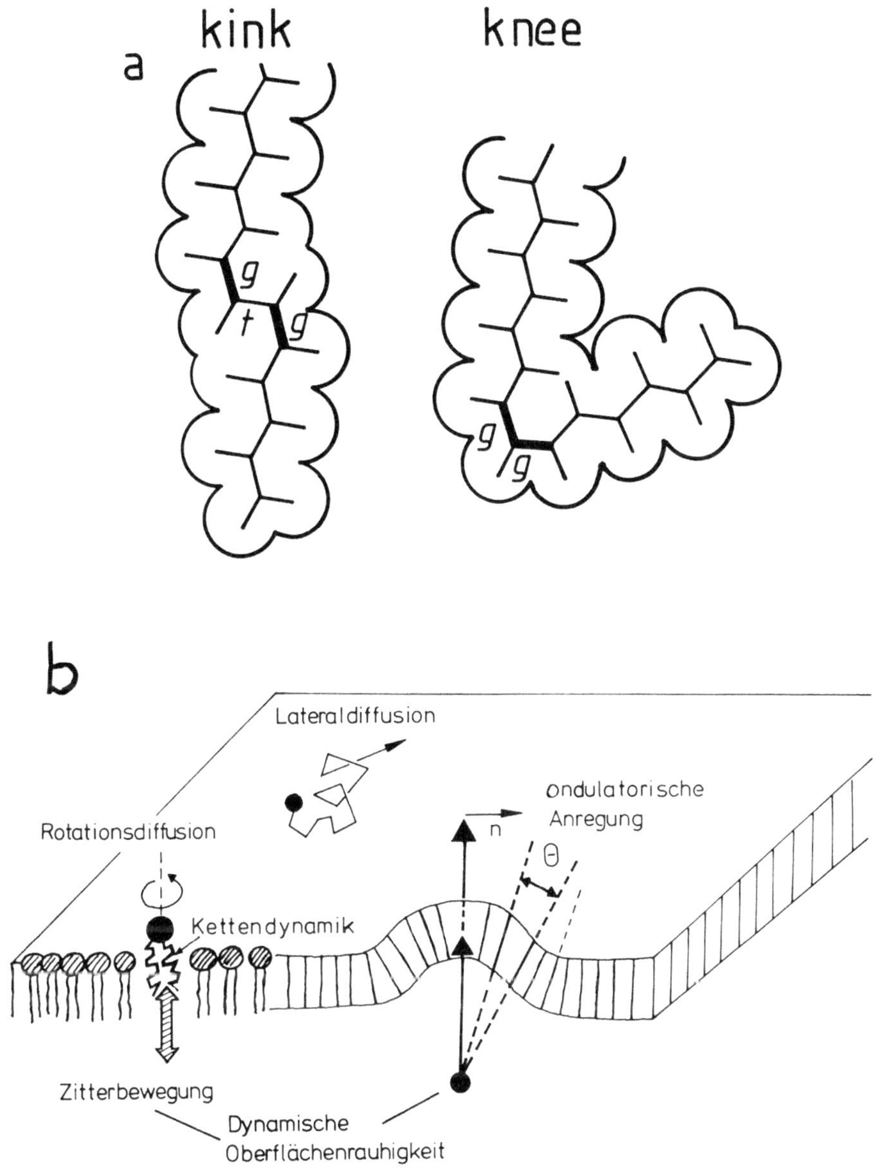

Abb. 10: Darstellung zweier einfacher Defekte der Paraffinketten: der g-t-g-Kinke, bei dem die Kette weitgehend gestreckt bleibt und der g-g-Konfiguration, bei der Abknickung stattfindet.
b) Hierarchie (thermisch induzierter) dynamischer Anregungszustände der Lipidmembran. Dazu zählen (1) die Beweglichkeit der Kettendefekte, (2) die rotatorische und laterale Diffusion der Lipide, (3) die vertikale Zitterbewegung der Lipide und schließlich (4) thermisch induzierte Oberflächenwellen der Membran (ondulatorische Anregungen). Letztere zwei Mechanismen führen zu einer dynamischen Oberflächenrauhigkeit der Membran.

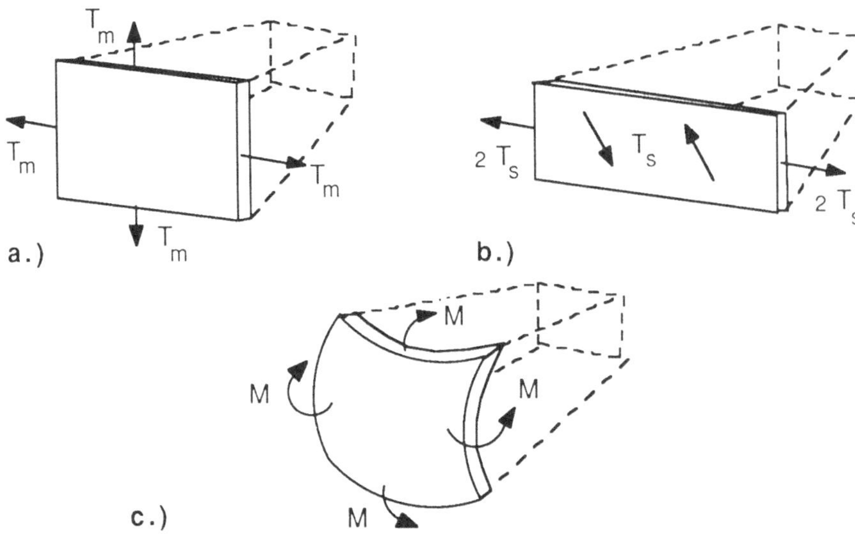

Abb. 11: Drei wichtige Beiträge zur Membranelastizität:
a) Laterale Dehnung, die über ein Hooke'sches Gesetz mit einer isotropen lateralen Spannung T_m verknüpft ist.
b) Reine Scherung unter Erhalt der Fläche, was beispielsweise durch entgegengerichtete Änderung der Dimension in zwei zueinander senkrechten Richtungen um dL gegeben ist.
c) Reine Biegung unter Erhalt der Fläche. Die Krümmung wird charakterisiert durch die Hauptkrümmungsradien.

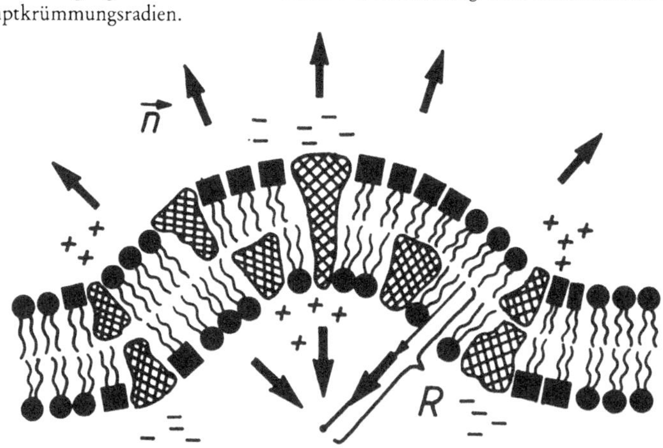

Abb. 12: Illustration der Reorganisation und elektrischen Polarisation der Membran durch lokale spontane Krümmung (mit dem Radius R). Die relative Dehnung der äußeren gegen die innere Monoschicht führt dazu, daß Lipide oder Proteine mit konischer Form sich so anordnen, daß die elastische Energie aufgrund der Auffächerung der Lipidschicht („splay-Deformation") minimal wird. Der zweite mögliche Effekt besteht in einer elektrischen Polarisation, die darauf beruht, daß die mittlere Packungsdichte der Lipide (und damit die Dipol- oder Ladungsdichte) in den beiden Monoschichten unterschiedlich wird, wenn man die Membran krümmt (PETROV et al. 1979).

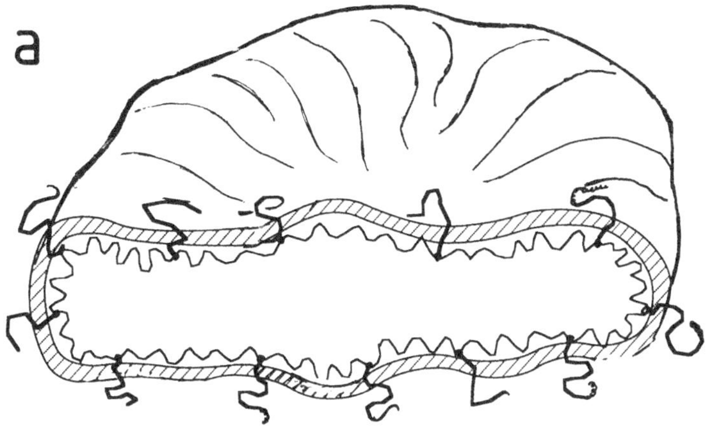

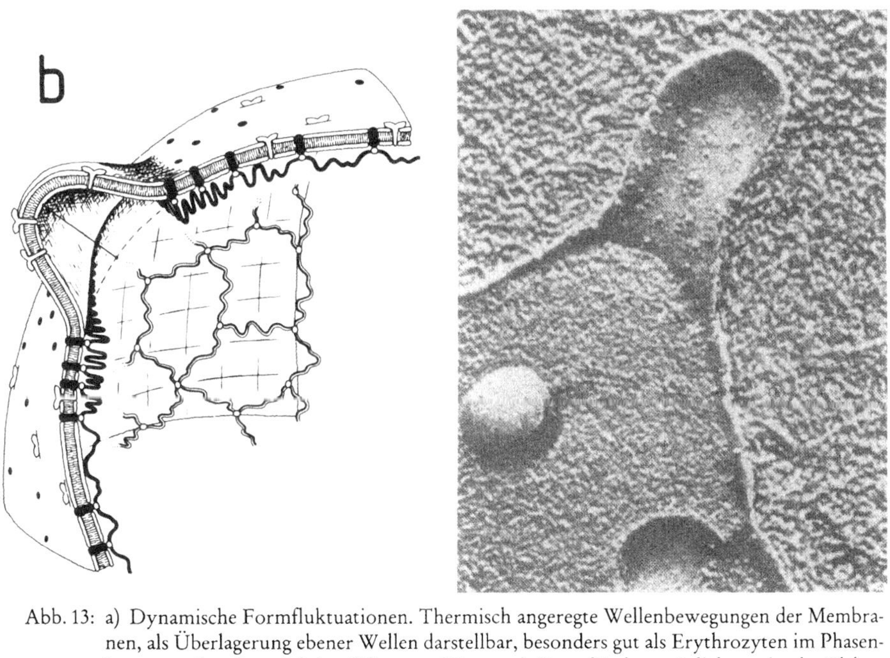

Abb. 13: a) Dynamische Formfluktuationen. Thermisch angeregte Wellenbewegungen der Membranen, als Überlagerung ebener Wellen darstellbar, besonders gut als Erythrozyten im Phasenkontrastmikroskop sichtbar (Flimmerphänomen). Es verhindert möglicherweise das Kleben der Zellen an Gefäßwänden und zwar aufgrund sterischer Abstoßungskräfte.
b) Bildung lokaler Aus- (oder Ein-)stülpung durch lokale spontane Krümmung, z. B. durch Entkopplung des Zytoskeletts von der Membran induziert. Links: schematisch; rechts: Ca^{++}-induzierte Ausstülpung bei Erythrozyten.

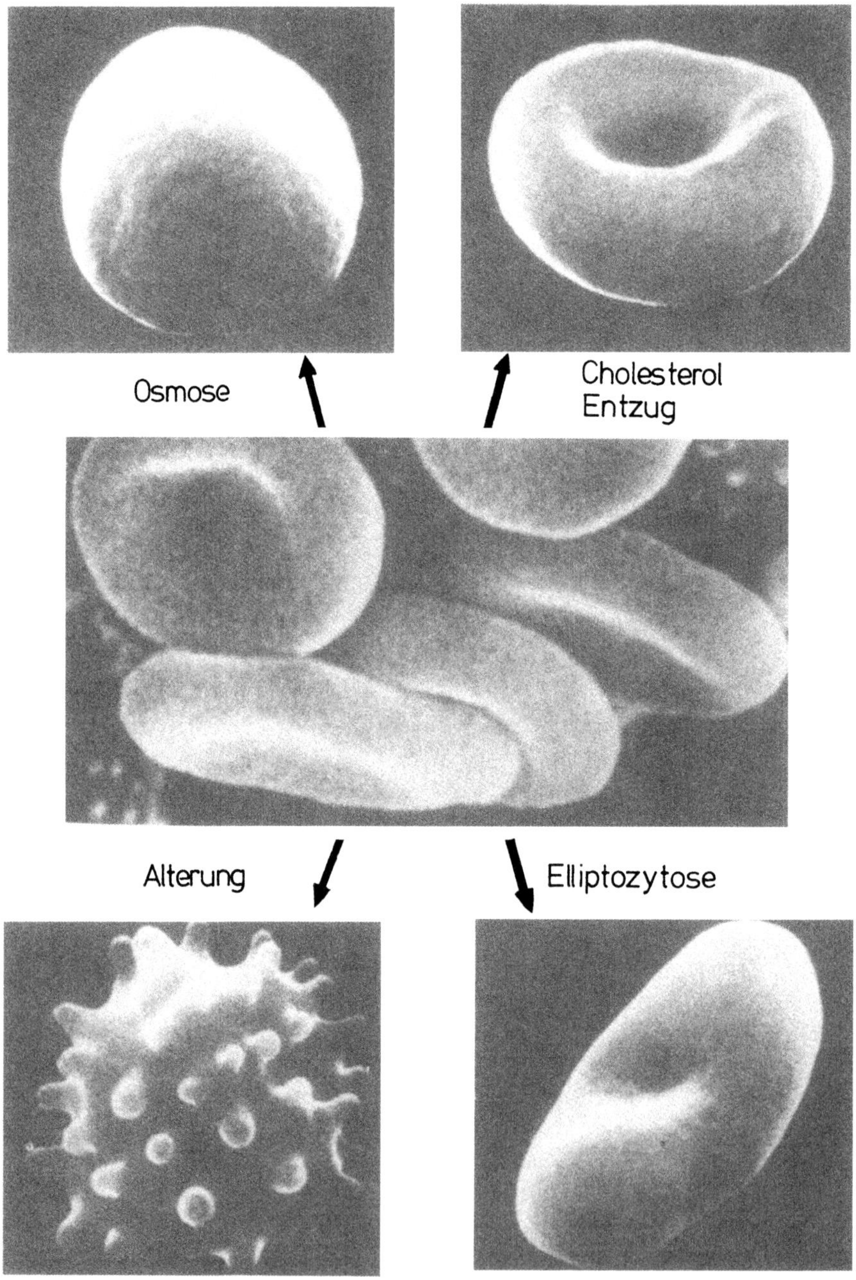

Abb. 14: Stabile Formen der Erythrozyten.
a) Sphärozyt, b) Elliptozyt, c) Diskozyt, d) Phagozyt, e) Echinozyt. Übergänge werden durch biochemische oder durch krankheitsbedingte Veränderungen des Verbundsystems aus Zytoskelett, Lipid/Protein-Doppelschicht und Glykokalix ausgelöst.

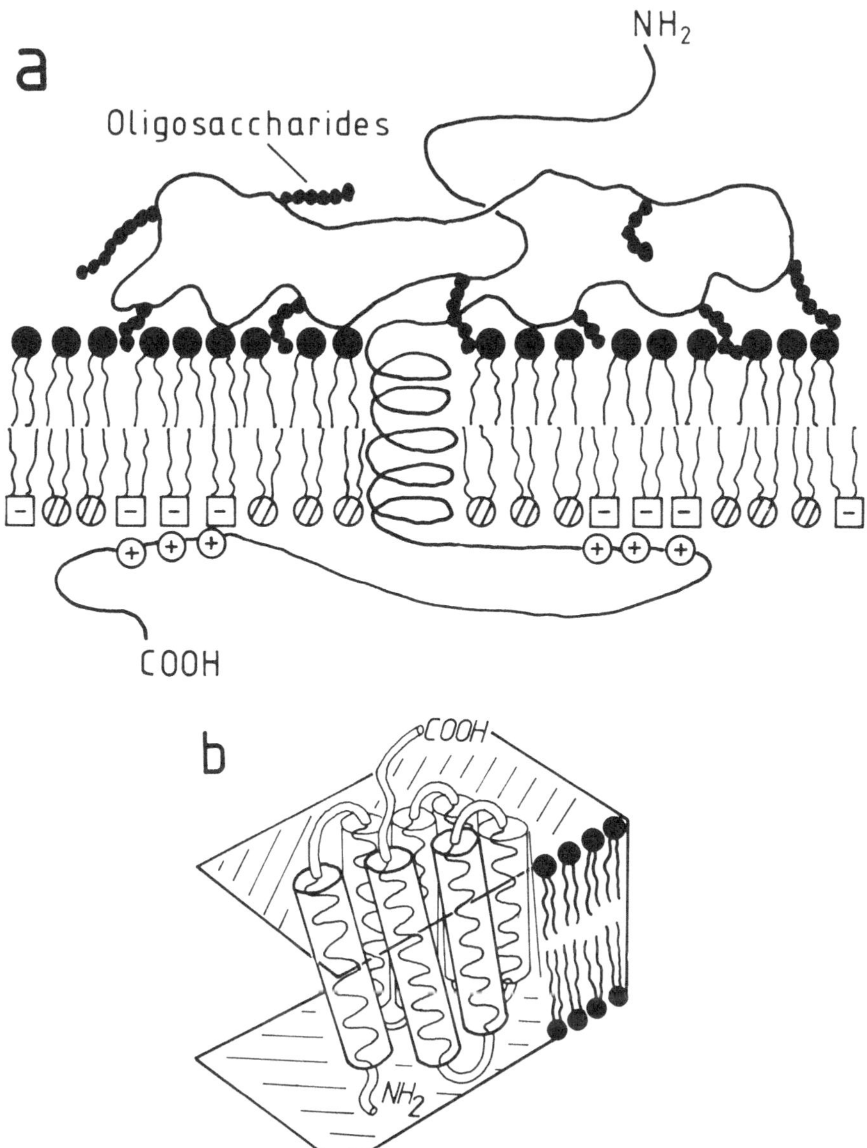

Abb. 15: Schematische Darstellung zweier Typen von Membranproteinen:
a) Typischer Rezeptor mit bipolarer Struktur (Beispiel Insulin-Rezeptor). Die Hauptmasse ist in den extra- und intrazellulären Kopfgruppen (den funktionellen Domänen) konzentriert, während die sehr kleine hydrophobe Domäne oft nur aus ein bis zwei α-Helizes besteht und zu Verankerung des Proteins in der Lipidschicht dient.
b) Membranprotein mit Transportfunktion. Ein Großteil der funktionellen Teile ist in den hydrophoben Bereich der Lipidschicht eingebettet (Beispiel Bakteriorhodopsin).

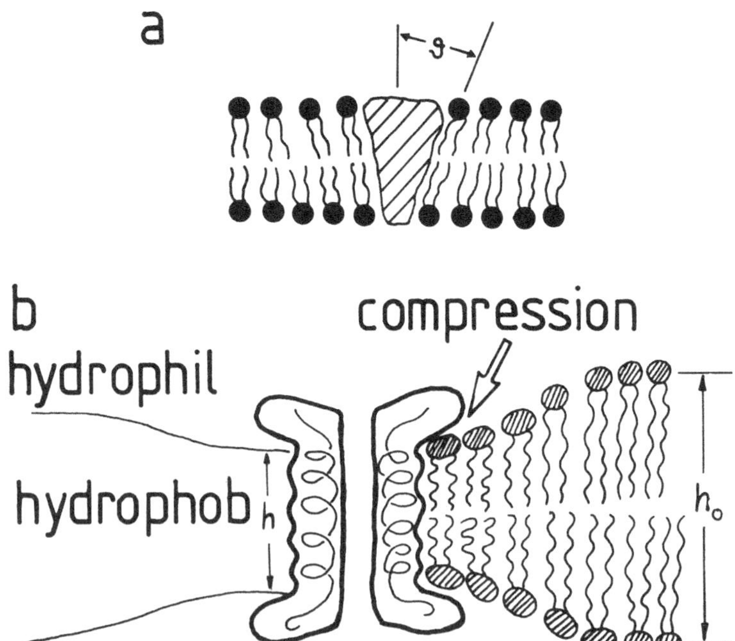

Abb. 16: Möglichkeiten lokaler elastischer Deformationen der Lipidschicht durch Membranproteine (s. dazu auch Wirkung von Lokalanästhetika):
a) Lokale Neigung der Lipide durch bipolares Protein mit konischer Form, die zur splay-Deformation der Lipidschicht führt.
b) Lokale Stauchung der Lipide in der Umgebung eines Proteins (hier als Dimeres dargestellt), dessen hydrophobe Domäne eine kleinere Höhe (h) hat als die doppelte Länge der Ketten des Lipids (h_0). Die Stauchung führt zu einem größeren mittleren Flächenbedarf A der Lipide in der Umgebung des Proteins, der eine Kraft in Richtung parallel und senkrecht zur Längsachse des Proteins hervorruft. Ein konkretes Beispiel für die Abbildung wäre Gramicidin, das durch Dimerenbildung einen die Membran durchdringenden Kanal bildet (nach ELLIOT et al. 1983). Ein biologisches Beispiel könnten die Na-Kanäle des Axons sein, die bei Öffnung eine Volumenzunahme von 0,1% erfahren.

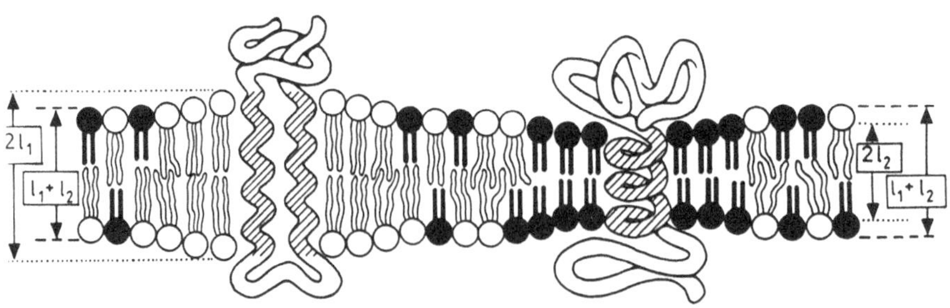

Abb. 17: Sterische Selektion der Lipide durch Membranproteine. Die Proteine werden sich bevorzugt mit denjenigen Lipiden umgeben, deren Kettenlänge an die Dicke ihrer hydrophoben Domäne angepaßt ist.

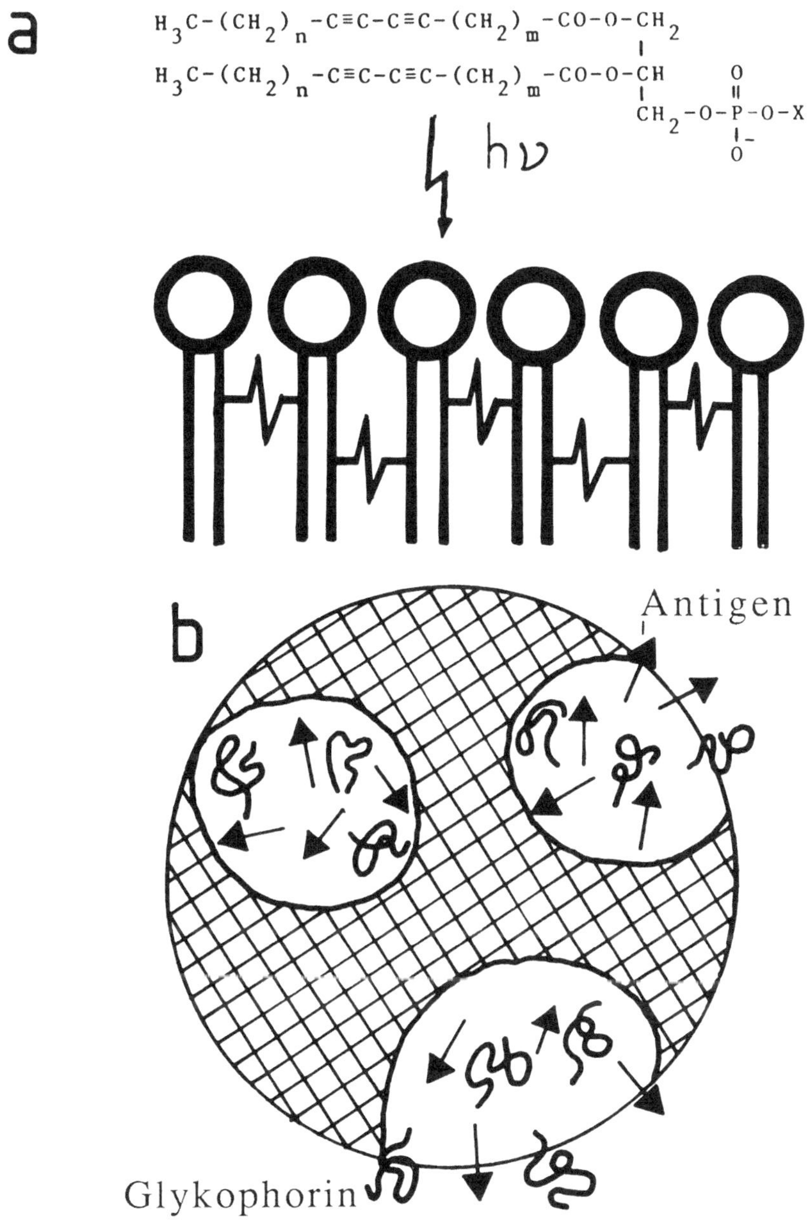

Abb. 18: a) Diazetylenlezithin
b) Schematische Darstellung eines Verbund-Vesikels mit mosaikartigem Aufbau aus monomeren (d. h. *flexiblen*) und polymerisierten (d. h. *stabilisierenden*) Domänen. In erstere können „Steuerproteine" eingebaut werden, wie Antigene zur Erkennung von Zielzellen oder Glykoproteine zur Verhinderung von Phagozytose.

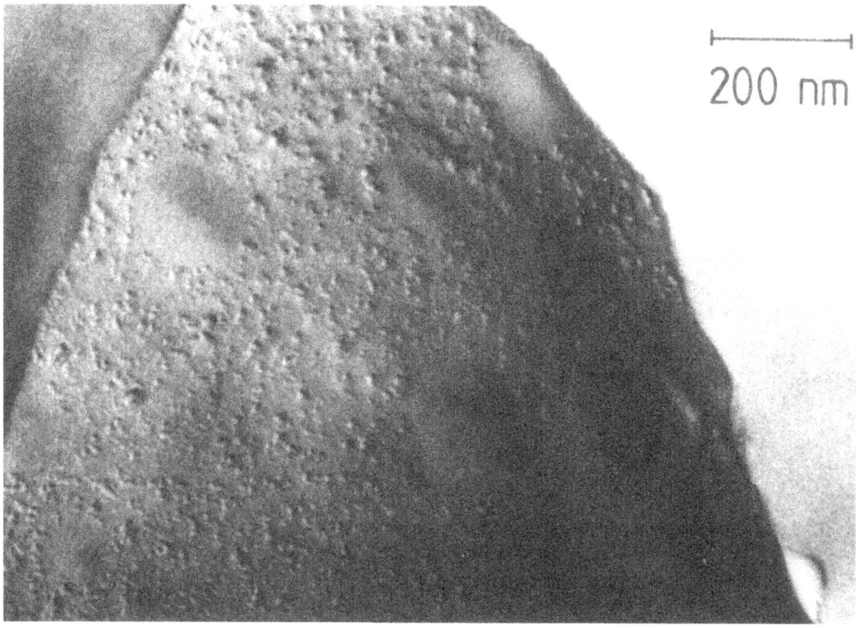

Abb. 19: Gefrierätz-Aufnahme eines Verbundvesikels, bestehend aus polymerisiertem Diazethylenlezithin (rauhe Oberflächentextur) und monomeren Domänen (glatte Textur) (RINGSDORF et al. 1988). Die Domänenstruktur wurde vor Polimerisation des Diazetylen-Lipids durch Abkühlung unterhalb dessen Kettenschmelztemperatur eingestellt, bei der das monomere Dimyristoylphosphatidylcholin noch fluide ist.

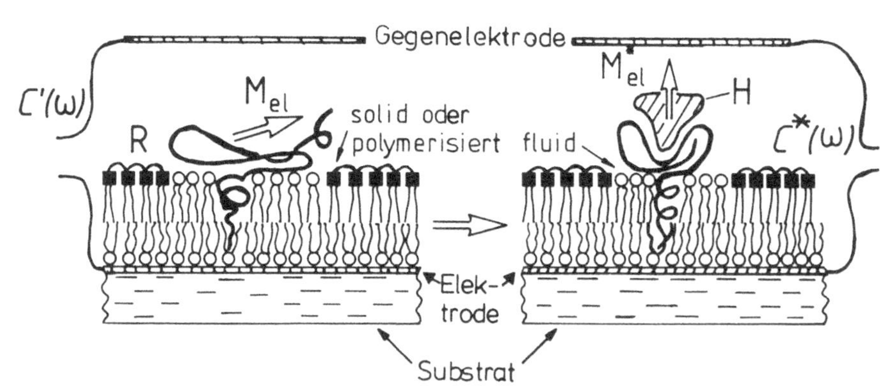

Abb. 20: Schematischer Aufbau eines Biosensors, bestehend aus einem Glassubstrat mit aufgedampfter Elektrode (wie hier gezeigt), oder aus einem Feldeffekttransistor, auf den die Lipidschicht mit inkorporiertem Rezeptor R übertragen wird. Bindung eines Liganden H (z. B. eines Hormons) führt zu einer Zunahme der Dicke der dielektrischen Schicht und/oder zu einer Umladung bzw. Konformationsumwandlung des Rezeptors. Alle drei Effekte ändern die Kapazität des Kondensators (symbolisiert durch das Dipol) aus Elektroden, Lipidschicht und wässriger Phase.

bezüglich der Oberflächenspannung sind. Die Undulationen werden durch die kleine Biegesteifigkeit K der Membran bestimmt und können sehr große Wellenlängen und Amplituden (von der Größenordnung der Dimension der Zellen) besitzen. Dies führt zu sehr ausgeprägten dynamischen Formfluktuationen von Zellen oder Riesenvesikeln. – *Undulatorische Anregung und dynamische Abstoßungskräfte zwischen Membranen:* Neuerdings gibt es Hinweise, daß die undulatorische Anregung einen wichtigen Beitrag zur sterischen Abstoßung zwischen Zellen oder Zellen und Oberflächen liefert. Dies läßt sich eindrucksvoll an frisch isolierten Erythrozyten beobachten, die stark flickern. Diese hüpfen auf der Unterlage herum, da sie aufgrund der Undulationen ständig von dieser abgestoßen werden.

4. Die *laterale Diffusion* ist der am eingehendsten untersuchte dynamische Prozeß der Membran. Zu den Meßmethoden gehören (erstens) Photobleichexperimente, mit denen sich die Diffusion farbstoffmarkierter Lipide und Proteine über größere Entfernungen besonders gut untersuchen läßt, (zweitens) Fluoreszenzuntersuchungen der Bildungshäufigkeit angeregter Komplexe (Exzimere) zwischen pyrenmarkierten Amphiphilen und (drittens) dynamische Neutronen-Beugungsexperimente, bei denen die Impulsübertragung der diffundierenden Lipide auf ultrakalte Neutronen gemessen wird. Die beiden letzten Methoden ermöglichen Messungen der Diffusion über kurze Entfernungen (10–100 Å). Aus diesen Experimenten ergibt sich folgendes Bild:

a) Der Diffusionskoeffizient der Lipide im flüssig-kristallinen (smektisch A) Zustand beträgt ca. $D_l \approx 10^{-7}\,cm^2/s$ und ist um einen Faktor 100 langsamer als in Wasser. Im $P_{\beta'}$-Zustand ist $D_l \leq 10^{-10}\,cm^2/s$, kann jedoch entlang von Defekten genau so schnell sein wie im fluiden Zustand.

b) D_l hängt schwach von der Kettenlänge, aber exponentiell von der Temperatur ab: $D_l \propto \exp\{A/T\}$. Letzteres ist eine Folge der thermischen Ausdehnung der Membran (Sackmann 1983).

c) Die Diffusion membrangebundener Proteine hängt nur logarithmisch vom Radius a des Makromoleküls ab:

$$D_l \approx \frac{kT}{4\pi\eta_m \cdot h} \ln\left\{\frac{2\eta_m \cdot h}{\eta_w \cdot a}\right\}$$

(h = Dicke der Membran, η_m = Viskosität der Membran, η_w = Viskosität des Wassers). Dieses Verhalten ist eine Folge der Tatsache, daß sich eine isolierte Lipidschicht wie eine zweidimensionale Flüssigkeit verhält. Mit diesem Trick erreichte die Natur, daß ein sehr großes Molekül wie ein Insulinrezeptor mit einem Molekulargewicht von 430 000 Dalton nur 2.5 mal langsamer diffundiert als ein Lipid.

Auch die Effektivität biochemischer Prozesse, wie z. B. die Elektronenübertragung zwischen der Elektronentransferkette der Mitochondrien, wird durch die Reduktion in der Dimension enorm verbessert.

3. *Membranen als viskoelastische Schalen*

Mehr und mehr stellt sich heraus, daß die Natur die Phospholipide als Grundbaustein der Membranen aufgrund der hervorragenden elastischen Eigenschaften der flüssigkristallinen Doppelschicht ausgewählt hat. Diese bestimmen sowohl das globale Verhalten der Zellen, wie deren dynamische Formänderungen oder ihre Bewegungsfähigkeit durch das Gewebe, als auch die molekulare Organisation der Membran. Das globale elastische Verhalten der Zellplasmamembranen wird jedoch außerdem wesentlich durch das membranassoziierte (intrazelluläre) Netzwerk aus Proteinfilamenten (wie z. B. dem quasi-zweidimensionalen Spektrin-Aktin-Netzwerk der Erythrozyten) bestimmt. Die Ankopplung dieses Netzwerks an das intrazelluläre Gespinst aus Aktinfilamenten und Mikrotubuli ermöglicht schließlich die aktive Steuerung der zellulären Bewegungen. Dabei sollte man aber stets bedenken, daß die globale Bewegung durch lokale (biochemisch gesteuerte) strukturelle Änderungen der Membran ausgelöst wird, wobei wieder die Elastizität der Lipid/Protein-Doppelschicht maßgebend ist.

Die Membranelastizität kann in die in Abb. 11 illustrierten Beiträge aufgeteilt werden:

1. Die *laterale Dehnung* (oder Kompression), die über ein Hook'sches Gesetz mit einer isotropen lateralen Spannung T verknüpft ist gemäß $T = \chi dA/A$, wobei dA/A die relative Flächenänderung und χ der zweidimensionale Kompressionsmodul ist. Eine solche Spannung tritt auch auf, wenn die Doppelschicht senkrecht zur Ebene komprimiert oder gestreckt wird, wobei statt dA/A die relative Dickenänderung $\delta d/d$ einzusetzen ist.

2. Die *reine Scherung*, bei der ein herausgegriffenes Element der Membran unter Beibehaltung seiner Fläche verzerrt wird. Diese spielt nur für die Zellplasmamembran eine Rolle, bei der die Lipid/Protein-Doppelschicht an das zytoplasmatische makromolekuläre Netzwerk gekoppelt ist.

3. Die *reine Biegung*, die die dominierende Rolle spielt, wenn die Zellen oder Vesikel nicht kugelförmig sind, da dann die Biegung nicht mit einer Dehnung der Membran verknüpft ist und der erste Beitrag wegfällt. Die Biegung kann durch zwei Hauptkrümmungen vollständig charakterisiert werden, welche gleich den reziproken Krümmungsradien der Schale in Richtung der Biegemomente M sind. Die Biegesteifigkeit wird durch den Biegemodul K_c charakterisiert.

Vergleicht man die Elastizitätskonstanten der Lipidschichten mit denen technischer Materialien, so zeigt sich folgender bemerkenswerter Befund: Der laterale Kompressionsmodul ist $\chi = 140$ dyn/cm und entspricht etwa dem von Kunststoff. Dagegen ist die Biegesteifigkeit K_c und der Schermodul μ um einige Größenordnungen kleiner. Letzteres ist der Grund für die erstaunliche Fähigkeit der Zellen, sich durch sehr enge Kapillaren oder Kanäle des Gewebes zu bewegen, ohne daß

Löcher in der Plasmamembran entstehen. Wie oben erwähnt, wird letzteres durch die hohe laterale Kompressibilität der Lipidschicht verhindert. Die hohe Flexibilität der Lipidschicht ist auch für das berühmte Flimmern (englisch Flickern) von Erythrozyten oder anderen Zellen verantwortlich. Darunter versteht man die im Phasenkontrastmikroskop sichtbaren heftigen lokalen Bewegungen der Zellmembran. Wie man inzwischen weiß, handelt es sich dabei um Wellenbewegungen (Undulationen) der Membran, die durch Temperaturschwankungen angeregt werden ähnlich den mechanisch erregten Kapillarwellen auf Wasser.

Das wachsende Interesse an Membranundulationen hat mehrere Gründe: Erstens ermöglichen sie sehr genaue Messungen des Krümmungsmoduls K_c. Dazu mißt man die mittlere Quadrate der Amplituden $\langle u_\Lambda \rangle^2$ als Funktion der Wellenlänge (und zwar durch zeitabhängige Fourieranalyse der Oberflächenwellen). Daraus erhält man K_c gemäß

$$K_c \approx \frac{1}{(2\pi)^4} \frac{k_B T \Lambda^4}{\langle u_\Lambda^2 \rangle \, a^2} \, .$$

Zweitens hat sich gezeigt, daß die Krümmungs- und Scherelastizität z. B. der Erythrozyten empfindlich auf physiologisch oder biochemisch ausgelöste Veränderungen der Membran reagiert. Es besteht daher die Hoffnung, daß solche Messungen neue Möglichkeiten zum Nachweis krankheitsbedingter Veränderungen der Membranen oder der Wirksamkeit von Pharmaka eröffnen.

Eine besonders interessante Konsequenz der Undulationen ist die oben erwähnte dynamische Abstoßungskraft, die beispielsweise dazu führt, daß stark flimmernde Zellen gegen die Schwerkraft auf Glasoberflächen herumhüpfen oder nicht ohne weiteres auf dieser fixiert werden können (z. B. durch Polylysin). Möglicherweise besteht die physiologische Bedeutung des Flimmerns darin, das Kleben der Zellen an den Wänden der Gefäße, z. B. in der Milz, zu verhindern.

3.1 Biegesteifigkeit der Membran und eingeprägte Krümmungen bestimmen die Formen und Formfluktuationen von Zellen

Lebende Zellen sind ständigen (lokalen und globalen) Formänderungen unterworfen. Diese umfassen die Ausbildung von Pseudopodien bei der Chemotaxis, lokale Ausbeulungen bzw. Einstülpungen bei der Knospung bzw. Phagozytose, extrem starke Deformationen beim Transport durch Kapillaren oder Spalten der Adern sowie ständig thermisch induzierte Formfluktuationen. Wie Abb. 14 zeigt, besitzen einfache kernlose Zellen wie die Erythrozyten zudem die erstaunliche Fähigkeit, diverse stabile Formen anzunehmen, wobei Übergänge durch eine Reihe biochemischer Signale ausgelöst werden können. Theoretische und experimentelle Untersuchungen während der letzten Jahre ergaben Hinweise darauf, daß sich viele der Formänderungen als Folge der krümmungselastischen Eigenschaften der Membran deuten lassen und nach sehr einfachen Prinzipien erfolgen. Die theoretischen Ansätze gehen auf verschiedene Autoren (s. SACKMANN et al. 1986) zurück, die zeigten, daß die verschiedenen Formen der Erythrocyten Minima der krümmungselastischen freien Energie entsprechen. Der entscheidende Parameter ist dabei die eingeprägte Krümmung H_0, die proportional zur Differenz der Flächen des äußeren (A_0) und inneren (A_i) monomolekularen Films ist (Δ = Membrandicke):

$$H_0 = \frac{8\pi\Delta}{A_0 - A_i} .$$

Bei gegebener Krümmung H_0 hängt die stabilste Form noch vom vorgegebenen Verhältnis der Oberfläche zum Volumen der Zelle ab. Echinozyten beispielsweise entstehen bei Expansion der äußeren Monoschicht gegenüber der inneren, d.h. bei positiver spontaner Krümmung H_0. Diskozyten und Stomatozyten erfordern dagegen eine negative spontane Krümmung ($H_0 \approx -0{,}7\ \mu m$). Einen ersten experimentellen Beweis zeigt Abb. 5. Der Übergang vom Zustand auf der linken Seite (Koexistenz zweier durch Hals verbundener Vesikel) über den in der Mitte (Diskozyt) zur rechten Form (Vesikel mit Einstülpung) erfolgt durch Abkühlung, die von einem positiven zu einem negativen Wert von H_0 führt. Ursache dafür ist die Dissoziation der geladenen Kopfgruppen (SACKMANN et al. 1986).

3.2 Krümmung, Protein-Verteilung und elektrische Polarisation

Viele zelluläre Prozesse wie Sproßung, Pseudopodienbildung oder Keimung werden durch eine lokale spontane Krümmung der Membran ausgelöst, die durch Kopplung an das Zytoskelett stabilisiert werden kann. Dabei können zwei in Abb. 12 illustrierte Effekte eine bedeutende Rolle spielen: die induzierte elektrische Polarisation und die Umverteilung der Membranproteine.

1. Auch bei schneller Rotation der Lipide bleibt ein resultierendes Dipolmoment in Richtung der Membrannormalen $\vec{n}$ erhalten. Da die Polarisation pro Einheitsfläche in der äußeren und inneren Monoschicht verschieden ist, baut sich eine resultierende elektrische Polarisation über der Membran auf, die proportional zur Krümmung ist. Abschätzungen zeigen, daß die Polarisation beträchtlich zum gesamten Membranpotential beitragen kann. Für einen Krümmungsradius von $R = 10^3$ Å sind dies ca. 10 mV (PETROV et al. 1979).

2. Ein weiterer Effekt der Krümmung besteht in einer Umverteilung der Proteine (und möglicherweise Lipide), und zwar aufgrund der krümmungsinduzierten

Auslenkung der Lipide aus der Gleichgewichtsorientierung („Splay-Deformation"). Proteine oder Lipide mit großen Köpfen beispielsweise werden sich bevorzugt in Bereichen hoher positiver Krümmung aufhalten.

Eine Neigung der Lipide gegen die lokale Normale der Membran (z.B. durch ein Protein konischer Struktur induziert) kann eine beträchtliche ferroelektrische Polarisation hervorrufen, und zwar dann, wenn die Lipidschicht asymmetrisch ist (SACKMANN 1984).

3.3 Membranproteine und Mechanismen der Lipid/Protein-Wechselwirkung

Vom Standpunkt der Lipid-Protein-Wechselwirkung aus sind drei Typen membranständiger Proteine zu unterscheiden:

a) mono- oder bipolare Proteine, die nur mit einer kleinen hydrophoben Domäne in der Membran verankert sind, während die Hauptmasse mit den funktionellen Domänen in die wässerige Phase hineinragt;

b) Proteine, die vorwiegend im hydrophoben Bereich der Lipidschicht verborgen sind;

c) an der Lipid/Wasser-Grenzfläche adsorbierte Proteine, die sich relativ leicht durch Ionen desorbieren lassen.

Ein typischer Vertreter der ersten Gruppe ist der in Abb. 15 dargestellte Insulinrezeptor, der mit zwei aus 26 Aminosäuren bestehenden hydrophoben Domänen (ca. 1% der Gesamtmasse) in der Lipidschicht verankert ist. Andere Beispiele sind die Elektronentransferproteine der inneren Mitochondrienmembran. Zur zweiten Gruppe gehören Proteine mit Transportfunktionen wie Bakteriorhodopsin oder Reaktionszentren oder Enzyme wie die Adenylatzyklase. Ein wichtiger Vertreter der dritten Gruppe ist das Spektrin.

Aus Abb. 15 ergeben sich mehrere Mechanismen der Lipid/Protein-Wechselwirkung:

Die treibende Kraft für den Einbau eines Proteins in die Membran ist der hydrophobe Effekt. Da die freie Energie im wesentlichen proportional zur Oberfläche der hydrophoben Domäne ist, kann man erwarten, daß der Energiegewinn beim Einbau eines Helix (Radius 10 Å, Länge 40 Å) um einen Faktor 5 höher ist als im Fall der Phospholipide. Weitere wichtige Wechselwirkungsmechanismen basieren auf der orientierungselastischen Eigenschaft der Lipiddoppelschicht. Abb. 16 zeigt zwei Möglichkeiten: erstens eine lokale Neigung der Lipide, zweitens eine lokale Stauchung oder Streckung der Ketten aufgrund einer Fehlpassung zwischen den hydrophoben Domänen des Proteins und dem hydrophoben Bereich der Lipidschicht.

Von besonderem Interesse ist der zweite Fall. Er tritt mit großer Wahrscheinlichkeit in biologischen Membranen auf, da diese sehr große Unterschiede in den

Kettenlängen aufweisen. In der Tat könnte diese proteininduzierte Deformation eine wichtige Rolle bei der lateralen Organisation der Membran und bei der Funktion der Enzyme spielen, wie die folgenden Überlegungen zeigen:

Betrachten wir den Fall der in Abb. 16b dargestellten Stauchung der Lipide. Diese erhöht den Flächenbedarf der Moleküle in unmittelbarer Umgebung des Proteins um $dA = (A - A_0)$. Wegen der Inkompressibilität der Lipidschicht gilt

$$(A - A_0)/A_0 = 2\,(h - h_0)/h_0 .$$

Molekularstatistische Theorien zeigen, daß die Stauchung exponentiell mit dem Abstand r vom Rand des Proteins (mit dem Radius r_0) abklingt gemäß

$$dA/A \propto \exp\{-\zeta\,(r - r_0)\} .$$

Die mittlere Reichweite (Kohärenzlänge) ζ beträgt etwa zwei Lipidabstände (≈ 20 Å).

Durch Lipid vermittelte Protein-Protein-Wechselwirkung:

Die Deformation des Lipids führt zu einem elastischen Potential W(r), das exponentiell mit dem Abstand abklingt. Dies führt zu einer lipidvermittelten Protein-Protein-Wechselwirkung, die attraktiv ist, wenn beide Proteine eine Stauchung bzw. Streckung der Lipide bewirken, oder repulsiv, falls die Proteine unterschiedliche Deformationen hervorrufen (s. Sackmann 1983).

Langreichweitige Effekte:

Die elastische Deformation der Lipidschicht durch das Protein erstreckt sich nur über die zwei Kettendurchmesser (≈ 15 Å) und ist somit ein Effekt kurzer Reichweite, d. h. die durch das Lipid vermittelte Protein-Protein-Wechselwirkung hat dieselbe Reichweite. Die Reichweite kann sich dagegen über mehrere hundert Å erstrecken, falls Proteine in binäre Lipidmischungen eingebaut werden, die sich über dem kritischen Entmischungspunkt befinden. Ein Beispiel für eine solche Entmischung ist die Mischung zweier Lezithine mit 16 bzw. 18 CH_2-Ketten, die in flüssig-kristallinem Zustand kritische (d. h. dynamische) Konzentrationsfluktuationen mit Dimensionen von ca. 500 Å zeigen. Proteine mit einer Präferenz für eines der Lipide würden sich über Distanzen dieser Größe anziehen (Sackmann 1983). Es ist nicht ausgeschlossen, daß in natürlichen Membranen solch kritisches Verhalten auftritt, da die Kettenlängen der Lipide sich um bis zu acht C-Atome unterscheiden können.

Möglichkeit der elastischen Regulation der Enzymaktivität:

Die oben beschriebene elastische Deformation der Lipidschicht durch die Proteine – beispielsweise bei Fehlpassung ihrer hydrophoben Domänen – kann zu erheblichen Kräften führen, die Konformationsumwandlungen der Proteine hervorrufen und so deren Aktivität beeinflussen. Betrachten wir dazu das Beispiel der Abb. 18, bei dem angenommen wird, daß die Höhe des Proteins um $\Delta h = h - h_0$ kleiner ist als die Membrandicke. Da die Lipidschicht inkompressibel ist, führt dies zu einer Zunahme des relativen Flächenbedarfs pro Lipid um $\Delta A/A_0$ und damit zu einer lateralen Spannung $T_m = \chi \Delta d/d$. Diese klingt zwar in der flüssig-kristallinen Lipidschicht nach wenigen Lipidabständen (= Kohärenzlänge) ab, kann aber aufgrund der großen Kompressibilität der Membranen von $\chi = 160$ dyn/cm zu einer erheblichen Kraft in vertikaler Richtung führen. Für ein Δd von 5 Å z. B. erhält man eine Kraft von $5^* 10^{-6}$ dyn, was einem Zug von rund 20 Atmosphären entspricht. Zumindest im Falle eines Modellsystems wurde ein solcher elastischer Effekt beobachtet, nämlich bei der Bildung von Ionenkanälen durch Assoziation zweier Gramicidin-Monomere in planaren Lipidfilmen. Die Lebensdauer der Kanäle, die durch Assoziation zweier Monomere entstehen, nimmt sehr schnell ab, wenn die Dicke h_0 der Lipidschicht größer als 22 Å wird, was durch erzwungene Dissoziation aufgrund der in Normalenrichtung wirkenden Zugkraft erklärt werden kann (s. Abb. 16b).

Besonders drastische Effekte erwartet man, wenn die Aktivierung eines membranständigen Proteins mit einer Veränderung seiner Form, z. B. seines Radius um Δa, einhergeht, denn die Michaelis-Menten-Konstante K hängt exponentiell von der lateralen Spannung ab:

$$K = K_0^* \exp \{2\pi \Delta a h_0 T_m / kT\}.$$

Ein interessantes mögliches Beispiel sind die Na-Kanäle des Tintenfisch-Axons, deren Öffnung von einer recht großen relativen Volumenänderung von 0,1% begleitet ist, wie man aus der starken Druckabhängigkeit der Aktionspotentiale weiß (s. Sackmann 1984).

4. *Anwendungen der Tricks der Natur*

Ein Ziel der physikalisch orientierten Membranforschung ist auch die technische Anwendung der Tricks der Natur. Zwei Beispiele seien im folgenden diskutiert:

1. Vesikel und deren Einsatzmöglichkeit zur Einkapselung und extern steuerbaren Rekombination von Reaktanten, was interessante Perspektiven bezüglich der Minimalisierung chemischer Reaktionen beinhaltet.
2. Anwendung in der Biosensorik.

In beiden Fällen eröffnen sich völlig neue Möglichkeiten durch den Einsatz polymerisierbarer Lipide, d. h. Amphiphile, die über funktionelle Gruppen in den

Ketten (wie Butadien oder Diazetylen-Gruppen) oder in den Köpfen verknüpft werden können.

Damit lassen sich zwei Probleme lösen:

a) die geringe mechanische Stabilität der Vesikel, die insbesondere bei Fusionsprozessen oder bei der Ausschüttung des Inhalts auftritt,

b) die in vivo-Instabilität, d. h. die schnelle Aufnahme der Vesikel durch phagozytierende Zellen.

Der Trick besteht im Aufbau von Vesikeln mit Mosaikstruktur durch laterale Phasenseperation in Legierungen aus polymerisierbaren und konventiellen Lipiden. Wie in Abb. 18 b illustriert, kann durch geeignete Wahl der Temperatur (oder der Kettenlängen) erreicht werden, daß laterale Phasentrennung einsetzt und die Membran in mosaikartig angeordnete Bereiche zerfällt, die vorwiegend aus einer der Komponenten aufgebaut sind. Hat man die Lipide so gewählt, daß die polymerisierbare Komponente kristallin ist, während die monomere noch fluide ist, so bleibt das Vesikel auch nach der Polymerisierung (z. B. durch Photoreaktion) noch stabil. Andererseits können in die monomeren Domänen funktionelle Proteine eingebaut werden, beispielsweise lipidgekoppelte Antikörper oder andere Rezeptoren, die von Targetzellen bzw. -vesikeln erkannt werden, und/oder „Selbstmoleküle", welche die Phagozytose verhindern (beispielsweise Glykophorin gegen Makrophagen).

Die Domänenstruktur ermöglicht auch die gesteuerte und zerstörungsfreie Ausschüttung des Inhalts. Ein Trick besteht in der Öffnung der monomeren Domänen, z. B. durch Spaltung der Phospholipide in einkettige Tenside und Entfernung derselben mittels Tensiden, die sog. Korkenziehertechnik (Ringsdorf et al. 1988). Das obige Beispiel zeigt, wie unter Ausnutzung der Domänenstruktur intelligente steuerbare Vesikel hergestellt werden können.

Die Situation der Biosensoren ist dieselbe wie bei den Vesikeln; die Idee ist simpel, aber die präparativen Schwierigkeiten sind enorm. Wie ein Sensor zum Nachweis von Hormonen (Insulin) oder Antigenen aussehen könnte, zeigt Abb. 20. Er basiert auf folgender Idee: Die Bindung eines Liganden an den Rezeptor löst eine Konformationsänderung desselben aus (Insulin z. B. bewirkt eine Entkopplung der Kopfgruppe von der Lipid/Wasser-Grenzfläche), was mit einer Änderung des elektrischen Dipolmoments verknüpft ist. Bei geladenen Liganden findet gleichzeitig eine Umladung statt. In beiden Fällen tritt eine Änderung der Kapazität auf, die elektronisch gemessen werden kann. Während man bei der Übertragung von Lipid-Doppelschichten auf Festkörper schon erhebliche Fortschritte gemacht hat, besteht auch hier das Hauptproblem in der Stabilisierung derselben. Wie bei den Vesikeln könnte das Problem durch den Einsatz polymerisierbarer Lipide gelöst werden, und zwar unter Aufbau mosaikartiger Doppelschichten, wobei in die Domänen aus monomerem Lipid die „Rezeptoren" eingebaut werden, während die polymerisierten Bereiche der Stabilisierung dienen. Es bedarf noch vieler Basisarbeit, um festzustellen, ob sich diese interessanten Perspektiven realisieren lassen und schließlich zum Biosensor oder Biochip führen werden. Experimente im Labor des Autors zeigen, daß eine Schicht adsorbierter Proteine von einer mittleren Dicke von 1 Å problemlos nachgewiesen werden kann.

Literatur

E. Sackmann: Physical Basis of Trigger Processes and Membrane Structure. Biological Membranes Vol. 5 (ed. D. Chapman), Academic Press 1984.

A. G. Petrov, S. A. Selzner and A. Derzhanski: Principles and Methods of Liquid Crystal Physics applied to the structure and functions of biological membranes. Acta Physica Polonica A 55 385–404 (1979).

P. Läuger: Dynamics of Ion Transport Systems in Membranes. Physiological Reviews *67*, 1296–1331 (1987).

J. R. Elliot, D. Needham, J. P. Dilger and D. A. Haydon: The Effect of Bilayer Thickness and Tension on Gramicidin Single-channel Lifetime. Biochem. Biophys. Acta 735, 95–103 (1983).

E. Sackmann, H. P. Duwe and H. Engelhardt: Membrane Bending Elasticity and its Role for shape fluctuations and shape Transformations of cells and vesicles. Faraday Discuss. Chemical Society *81*, 281–290 (1986).

E. Sackmann: Physikalische Grundlagen der molekularen Organisation und Dynamik von Membranen. Biophysik (eds. W. Hoppe, W. Lohmann, H. Markl and H. Ziegler), Springer Verlag, Berlin 1983.

H. Ringsdorf, B. Schlarb and J. Venzmer: Molecular Architecture and Function of Polymeric oriented Systems: Models for the Study of Organization, Surface Recognition and Dynamics of Biomembranes. Angew. Chemie *27*, 113–158 (1988).

Diskussion

Herr Jaenicke: Herr Sackmann, ich habe eine Frage zu den kleinen Vesikeln. Wenn Sie ein solches Vesikel haben, dann hat es draußen einen größeren Durchmesser als innen, und das muß doch ziemlich große Kräfte zwischen innen und außen bewirken, die dieses Vesikel von innen her auseinanderdrücken wollen. Ist das irgendwie experimentell zugänglich?

Herr Sackmann: Bei Vesikeln, die unter leichtem Schütteln der Suspension hergestellt werden und einige 100 nm groß sind, adaptiert sich die Zahl der Lipide in der äußeren und inneren Monoschicht so, daß die Doppelschicht mechanisch entspannt ist. Bei durch Beschallen erzeugten Vesikeln (mit Durchmessern von ca. 20 nm) treten in der Tat sehr große mechanische Spannungen auf. Dies führt u. a. zu einer Verbreiterung der Umwandlung und dazu, daß beschallte Vesikel im fluiden Zustand unter Aufnahme von Lipiden sehr schnell wachsen.

Herr Kneller: Sie erwähnten, daß Sie gleichzeitig etwa einhundert verschiedene Sorten von Lipiden finden, von denen sich, je nach dem äußeren Anlaß, die eine oder andere Sorte an bestimmten Stellen ansammelt. Sind die Lipide vorher ungeordnet, das heißt, hält die Natur sozusagen einhundert Sorten von Fachleuten in statistischer Verteilung bereit, von denen sich dann bei einem bestimmten Ereignis die dafür Zuständigen an der betreffenden Stelle sammeln?

Herr Sackmann: Dies ist eine interessante Vorstellung. Da sich die Lipiddoppelschicht im flüssig-kristallinen Zustand befindet, ist zunächst zu erwarten, daß die Komponenten statistisch verteilt sind. Allerdings liegen die Phasengrenzen der fest-flüssig Entmischung nur wenige Grad unter der physiologischen Temperatur und die Proteine können aufgrund spezifischer Lipid/Proteinwechselwirkungsmechanismen eine Phasentrennung induzieren (wie in Abschnitt 3.3 beschrieben). Es könnte durchaus sein, daß entsprechend Ihrer Vorstellung eine Umverteilung der Lipide dann stattfindet, wenn ein Enzym bei seiner Aktivierung eine Formänderung erleidet. Der interessante Aspekt ist dabei, daß dadurch eine Regelung mit positiver Rückkopplung bewerkstelligt werden könnte.

Herr Kneller: Also eine Art Kondensationsgleichgewicht?

Herr Sackmann: Ja.

Herr Kneller: Ist das ein thermisches Gleichgewicht?

Herr Sackmann: Nein, denn Leben ist nur außerhalb des thermodynamischen Gleichgewichts möglich. Diese Tatsache macht es so extrem schwierig, die physikalisch-chemischen Zusammenhänge zwischen Struktur und Funktion biologischer Membranen experimentell und theoretisch aufzuklären. Dadurch werden die Probleme, denen die Membranologen gegenüberstehen, noch um ein Vielfaches gesteigert, wie Sie sich leicht vorstellen können.

Herr Kneller: Dann möchte ich noch die Frage anschließen, wie groß die Diffusionsgeschwindigkeiten sind. Ich glaube, Sie erwähnten etwa 1000 m pro Sekunde.

Herr Sackmann: Aus dem Diffusionskoeffizienten der Lipide von $D \approx 10^{-7}\ cm^2/s$ berechnet man nach der Einstein-Beziehung ($D = \langle x^2 \rangle / 2\tau$) eine mittlere Verschiebung pro Sekunde von 5 μms, was als Diffusionsgeschwindigkeit interpretiert werden kann. Wie in Abschnitt 2.8 beschrieben, diffundieren integrale Proteine aufgrund der Zweidimensionalität der Lipidschicht fast genau so schnell.

Herr Kneller: Und wie ist die Temperaturabhängigkeit der Diffusionsgeschwindigkeit?

Herr Sackmann: Der Diffusionskoeffizient hängt exponentiell von der Temperatur ab, d. h. er zeigt Arrheniusverhalten.

Herr Springer: Sie haben wunderschöne Bilder gezeigt. Woran erkennt man die Struktur oder, besser gesagt, die Morphologie von Biomembranen? Kann man elektronenmikroskopisch arbeiten? Oder werden diese dadurch denaturiert und entstellt?

Herr Sackmann: Mittels Elektronenmikroskopie kann man die Proteine zwar lokalisieren, aber nicht unterscheiden. Die Bilder über die Morphologie der Biomembranen sind oft Karikaturen unserer Vorstellung. Sie basieren jedoch auf den Kenntnissen über den Aufbau von Modellmembranen. Letztere sind die Frucht vieler Arbeiten während der letzten fünfzehn Jahre, wobei eine Fülle von Methoden von der Neutronenbeugung über die Elektronenmikroskopie bis zu spektropischen Techniken beitrugen.

Herr Feinendegen: Wir haben eben schon die Frage diskutiert, inwieweit die in der Membran steckenden Proteine durch die Länge der benachbarten Lipide funktionell beeinflußt werden können. Die Frage ist: Inwieweit können solche Proteine von dem Zustand der Fluidität generell beeinflußt werden?

Herr Sackmann: Viele Transportproteine benötigen eine flüssig-kristalline Lipidumgebung, um aktiv zu sein; wohl einfach deshalb, weil ihre Funktion ein hohes Maß an innerer Dynamik erfordert. Der Grad der Fluidität (oder die Viskosität) der Membran beeinflußt eigentlich nur die Diffusionsgeschwindigkeit der Proteine.

Herr Schenck: Wir haben das Problem, daß sich Lipidmonomere in einer sehr geordneten Weise zu Lipidpolymeren assoziieren. So habe ich Sie verstanden.

Herr Sackmann: Das war das eine Beispiel.

Herr Schenck: Das spielt doch auch bei den Nervenumhüllungen eine Rolle, speziell bei den leitenden Nerven.

Herr Sackmann: Beim Myelin?

Herr Schenck: Ja, beim Myelin. Wenn ich das richtig verstanden habe, schildern Sie einen Pool von verschiedenen Lipidmonomeren, aus denen heraus sich dann nachher die richtigen Kombinationen ergeben.

Ich hatte mir vorher die Vorstellung gemacht, daß bereits am enzymatischen Werkzeug diese Polymerisation erfolgt, denn dort ist ja die lokale Dichte an dem individuellen Typ am größten. Die marschieren ja nicht unbedingt schon weg, sondern da ist noch der Schwanz von dem einen da, dann kommt schon das andere hervor. Das ist wie bei der Geburt von Zwillingen. Die liegen ziemlich in der Nähe. Das scheint mir doch eigentlich gerade dann, wenn es sich um den Aufbau von sehr langen Gebilden handelt, sehr viel wahrscheinlicher zu sein, als daß die aus einem Pool heraus erst wieder die notwendigen Partner suchen müssen. Dazu wollte ich Ihre Meinung hören.

Herr Sackmann: Ich weiß nicht, ob ich es klar genug gesagt habe. In dem einen Beispiel, in dem die Lipide polymerisiert sind, handelt es sich um künstliche, die in der Natur nicht vorkommen.

Herr Schenck: Aber ich frage Sie nach der Natur.

Herr Sackmann: In der Natur werden die Membranen am Endoplasmatischen Retikulum neu synthetisiert. Die Synthese wird wahrscheinlich gleichzeitig genetisch kodiert und durch die vorgegebene Struktur der ER-Membran kontrolliert, die somit als Templat ausgenutzt wird. Daher ist die Frage nicht sinnvoll, wie die Natur es schafft, hunderte von Komponenten so zusammenzubringen, daß die richtige Überstruktur entsteht. Wie der genetische Code ist die Membran im Verlauf der Evolution einmal entstanden und wird seither ständig reproduziert.

Herr Schenck: Ich habe nicht nach der evolutionären Definition gefragt, sondern nach dem mechanistischen Vorgang, wie das in jedem individuellen Fall zustande kommt. Insofern betrachte ich meine Frage nicht als sinnlos. Es können ja nur Antworten gegeben werden, soweit Fragen gestellt werden.

Herr Sackmann: Nein, ich meine natürlich nicht Ihre Frage, die ist sehr sinnvoll, sondern die nach der Bildung komplexer Überstrukturen ohne Kontrolle durch genetische oder physikalische Information.

Herr Schenck: Ach so. Dann sind wir einer Meinung.

Herr Sackmann: Ja.

Herr Jaenicke: Ich bin etwas irritiert. Wenn ich solch ein Lipidmolekül in seinem Wassermantel habe, muß es doch auch reibungsloser kreiseln können und dabei weniger Widerstand in der Transversalbewegung finden.

Herr Sackmann: Der Wassermantel ist sehr dynamisch, d. h. bei den „Eisbergen" handelt es sich um Cluster, die sich schnell aufbauen und wieder zerfallen. Möglicherweise kann dann das Lipidmolekül tatsächlich schneller rotieren, da die Wassermoleküle nicht an der Oberfläche der Lipidketten haften. Der Widerstand bezüglich der Transversalbewegung muß dadurch nicht kleiner werden, denn dieser ist durch die Dynamik des Auf- und Abbaus der Eisberge bestimmt.

Herr Jaenicke: Das müßte doch eigentlich der Bewegung helfen, wenn sich ein Kreisel rascher dreht.

Herr Sackmann: Dies gilt nur für die Rotation, nicht unbedingt für die Translationsbewegung. Ein Lipidmolekül z. B., das sich in einem Defekt einer kristallinen Lipiddoppelschicht befindet, kann sich schneller drehen als in dem fluiden Zustand. Trotzdem ist die Translationsbewegung fast völlig eingefroren.

Herr Jaenicke: Die zweite Frage. Es gibt die Dolichole, die Polyprenole, die fast viermal länger sind, als eine Membran bräuchte. Wie können die in der Membran sitzen?

Herr Sackmann: Sie könnten parallel zu der Membranebene an der Trennfläche zwischen den Monoschichten liegen oder durch mehrfaches Falten auch in Richtung der Membrannormalen in die Doppelschicht eingebaut werden.

Herr Höcker: Ich habe eine kurze Bemerkung und eine Frage.

Sie erwähnten, daß die Lipidmoleküle statistisch über die Membran verteilt sind, wenn ich das richtig verstanden habe. Es gibt, wenn ich mich recht erinnere, Beispiele im Bereich künstlicher Tenside, wo man eine typische Unverträglichkeit findet. Herr Hoffmann in Bayreuth hat gezeigt, daß sie entweder völlig getrennte Micellen aufbauen oder daß sie sogar eine Art Domänenstruktur bilden, wie etwa Blockcopolymere.

Aber nun die Frage: Sie erklärten am Beispiel der natürlichen Zelle den Memoryeffekt. Kann man so etwas bei künstlichen Systemen nachstellen, bei Vesikeln oder Micellen?

Herr Sackmann: Dazu gibt es schöne Experimente. Wenn laterale Phasentrennung durch Adsorption geladener Makromoleküle (z.B. Spektrin) oder Ionen (wie z.B. Ca^{++}) induziert wird, beobachtet man starke Hysteresiseffekte. Diese Bildung der Ausscheidungen erfolgt bei sehr viel niedrigerer Konzentration des Adsorbats als deren Auflösung. (Der Effekt ist in Sackmann 1983 dargestellt.) Diese Art von Hysteresis spielt möglicherweise eine wichtige Rolle bei der Ca^{++}-induzierten Fusion synaptischer Vesikel. Wenn die Bindung der Vesikel an die präsynaptische Membran unmittelbar nach dem Ca^{++}-Einstrom erfolgt, so werden die Vesikel auch nach der Reduktion der Ca^{++}-Konzentration an der Membran haften bleiben.

Zur Photophysik und Photochemie von Phytochrom, einem photomorphogenen Regler in grünen Pflanzen

Von *Kurt Schaffner*, Mülheim a. d. Ruhr

1. Einleitung

Licht ist für die belebte Welt zugleich Informationsmedium und Energiequelle, die von Tieren und Pflanzen allerdings auf sehr unterschiedliche Weise genutzt werden. Tiere verwerten fast ausschließlich den Informationsgehalt des Lichts. Lage und Bewegung von Objekten werden geortet und ihre Gestalt und Farbe erkannt. Die wesentlichsten Verhaltensweisen werden dadurch (mit)bestimmt, sei es bei der Suche nach Nahrung, nach Schutz vor der Witterung, nach Artgenossen für die geschlechtliche Vermehrung oder bei der Flucht vor Feinden. Den Pflanzen hingegen stehen im allgemeinen keine dieser Möglichkeiten offen. Sie sind lebenslang an ihren ursprünglichen Standort gebunden, auf die dort angebotenen Energiequellen und Aufbaustoffe angewiesen, und sie müssen sich dort auch ohne Ausweichmöglichkeiten mit jedwelchen schädlichen Einwirkungen auseinandersetzen.

Anstelle der Fähigkeit, Ortsveränderungen einzugehen, vermag die Pflanze ihre Wachstumscharakteristik, und somit ihre äußere Form, den Anforderungen der Umgebung anzupassen [1]. Um dies tun zu können, muß sie diese Umgebung erkennen – „sehen" – können. Ihr Lichtwahrnehmungssystem ist aber grundlegend verschieden und vielfältiger ausgelegt als das animalische, muß es doch auch noch anderen Anforderungen genügen. Licht ist nämlich für die Pflanze nicht nur Informationsträger, es ist auch der für die Photosynthese unverzichtbare Energielieferant. Aus diesem Grund sind Menge, Einfallswinkel und spektrale Zusammensetzung des Lichts für die Pflanze von erheblicher Wichtigkeit.

Es ist daher nicht überraschend, daß sich die pflanzliche Lichtwahrnehmung in einer ganz anderen Richtung als die animalische entwickelte und daß sie sich unter verschiedensten Aspekten wie Photomorphogenese, Photokinese (Photoperiodizität, Phototaxis, Phototropismus) etc. manifestiert, die – im Gegensatz zum Sehvorgang im Auge – insgesamt an mehr als nur ein Lichtrezeptorsystem gekoppelt sind.

2. *Entdeckung, Isolierung und Charakterisierung des Phytochroms*

Der gegenwärtig bestbekannte Lichtrezeptor in höheren Pflanzen, der absorbierte Lichtenergie in Signale umwandelt, ist Phytochrom, das photomorphogene Reglerfunktionen ausübt [2–8].

Die Auswirkung des Tageslichts auf Wachstum und Entwicklung der Pflanzen ist besonders augenfällig an Pflanzen, die von Anfang an im Dunkeln gehalten worden sind. Solchermaßen etiolierte Pflanzen haben weißliche und überlange Triebe, entweder ohne oder mit nur unterentwickelten Blättern. Unter Lichteinfluß ergrünen diese Triebe, ihr Längenwachstum wird reduziert und die Blätter entwickeln sich normal (Abb. 1). Aber auch eine im Freien gewachsene Pflanze gewinnt im Lichtschatten von Bäumen und Gebüsch rascher an Höhe, als wenn sie dem vollen Tageslicht ausgesetzt ist; das Längenwachstum wird erst verlangsamt, wenn das Tageslicht ungehinderten Zutritt hat. In der Tat beruht dieser Effekt nicht so sehr auf der *Quantität* des Lichts als auf dessen *Qualität,* d.h. dessen spektraler Zusammensetzung. Die Abbildung 2 illustriert die beträchtliche spektrale Änderung des Tageslichts bei der Durchdringung eines Blätterdachs. Der blaugrün-rote Farbbereich des sichtbaren Spektrums wird erheblich stärker wegfiltriert als der dunkelrote oberhalb von 700 nm, und es ist im speziellen das Intensitätsverhältnis von rotem (655–665 nm) zu dunkelrotem (725–735 nm) Licht, das die Wachstumsentwicklung beeinflußt.

Aktionsspektren für die lichtinduzierte Auslösung der Samenkeimung [10–13], der Hakenöffnung von etiolierten Trieben [14] und der Blüte [15, 16] ließen vermuten, daß ein und dasselbe Reglersystem, das mit rotem Licht aktiviert und mit dunkelrotem Licht inaktiviert wird, diese Prozesse steuert und daß es sich beim Chromophor dieses Reglersystems um ein oder mehrere Bilatriene (= lineare Tetrapyrrole) handeln dürfte. Als besonders eindrucksvolle Illustration der Umkehrbarkeit der Rot/Dunkelrot-Steuerung sei hier ein Versuch erwähnt, der mehrfach in der Literatur [10–13] beschrieben worden ist: Salatsamen werden bei für die Keimung optimaler Feuchtigkeit und Temperatur im Dunkeln gehalten und zu Beginn einer Folge von alternierend roten und dunkelroten Lichtpulsen von jeweils wenigen Minuten Dauer ausgesetzt. Ein Keimerfolg stellt sich stets nur dann ein, wenn der letzte Lichtpuls rot war. Dunkelrot hingegen verhindert die Keimung. Die Wellenlängenabhängigkeit dieses Verhaltens erhellt sich aus Abb. 3.

Sobald der reversible Rot/Dunkelrot-Effekt auf die verschiedensten Entwicklungs- und Verhaltensweisen erkannt und als Arbeitshypothese die Rot- und Dunkelrot-Aktionsspektren den Absorptionsspektren der inaktiven P_r- (r = „red" absorbierend) bzw. aktiven P_{fr}-Formen (fr = „far-red" absorbierend) eines einzigen „photomorphogenen Pigments", des Phytochroms, zugeordnet worden waren, gelangen Butler et al. [17] die spektrophotometrische Vermessung dieses

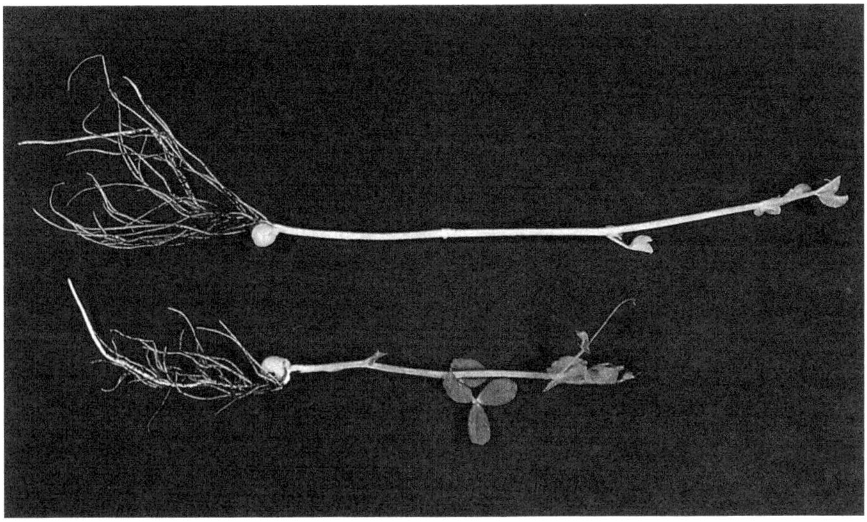

Abb. 1: Erbsenkeimlinge, die gleichzeitig während vierzehn Tagen im Dunkeln (oben) bzw. im normalen Tageslicht (unten) gewachsen sind.

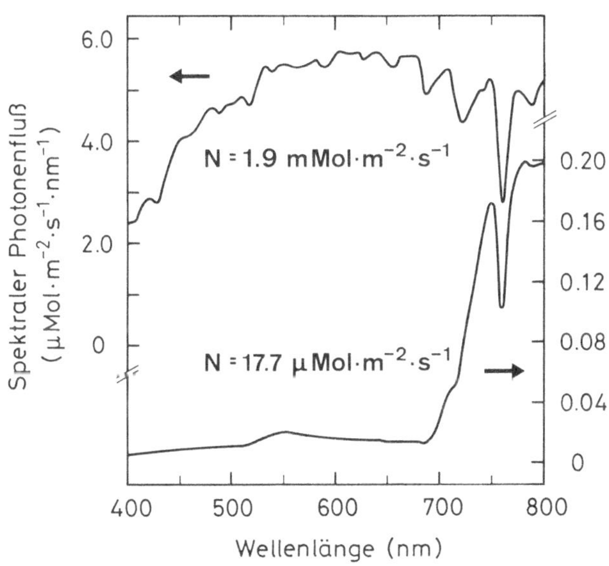

Abb. 2: Oben: Spektrale Verteilung von Tageslicht an einem sonnigen Tag in Leicester (UK). Sie bleibt auch bei dichter Bewölkung mit einem zehnfach geringeren Lichteinfall (d. h. N) im Wellenlängenbereich 400–800 nm qualitativ ähnlich.
Unten: Die spektrale Verteilung unter einem dichten Dach von Efeublättern nahe über der Bodenoberfläche, aufgenommen am gleichen Tag wie oben. Der totale Lichteinfall (N) ist um einen Faktor von ca. 100 kleiner als oben, die spektrale Verteilung ist stark verschieden. (Beide Spektren in [9] nachgezeichnet.)

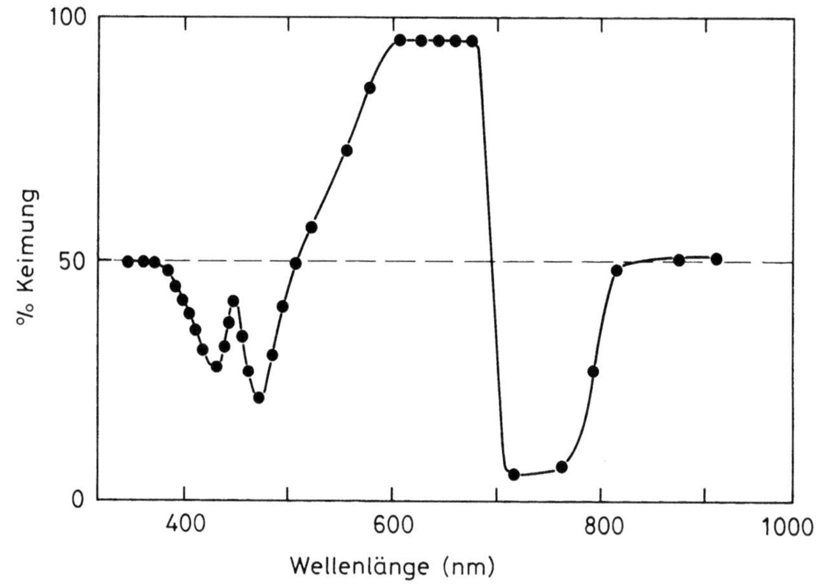

Abb. 3: Einfluß der Licht-Wellenlänge auf die Keimung von Salatsamen, die zu Beginn durch Rotlicht-Bestrahlung auf 50% Keimung eingestellt waren. Zusätzliches rotes Licht (600–700 nm) erhöht die Keimrate am wirksamsten, dunkelrotes Licht (700–750 nm) unterbindet die Keimung. (Wirkungsspektrum in [11] nachgezeichnet.)

Pigments in Rohextrakten und der Nachweis seiner Proteinnatur in einer nur nach Stunden bemessenen spektakulären Anstrengung [18]. Wie die darauffolgende vierundzwanzigjährige Geschichte der Isolierung des Biliproteins illustriert, gestaltete sich die Erreichung des letzteren Ziels erheblich langwieriger.

Die erste Phytochrom-Präparation mit den erwarteten photochromen Eigenschaften (d.h. der „photoreversiblen" P_r/P_{fr}-Umwandlung) und einem Molekulargewicht von 64 000 [19] (= 64 kDa; ursprünglich auf „60" kDa geschätzt [20]) ebenso wie spätere Präparate von 114/118 kDa [21] erwiesen sich schließlich als solche, die während der Aufbereitung durch endogen-proteolytischen Abbau von 6 und 4 kDa-Bruchstücken des NH_2-Kettenendes entstanden sind [19, 22, 23]. Das native Phytochrom, wenn aus etiolierten (d. h. im Dunkeln gewachsenen) Keimlingen isoliert, besitzt je nach Ursprung Molekulargewichte von 120 (aus Zucchini), 121 (Erbsen), 124 (Hafer, Roggen) und 127 kDa (Mais) [24]; dies entspricht z.B. für Hafer-Phytochrom einer Polypeptid-Kette von 1128 Aminosäureresten (= 124.9 kDa; aus Nucleotid-Sequenzanalysen von klonierten cDNA und Genom abgeleitet [25]). Die Isolierung aus grünen, im Licht gewachsenen Pflanzen ist bedeutend schwieriger: Beträgt die Ausbeute an reinem 124 kDa-Phytochrom aus

Abb. 4: Absorptionsspektren von Phytochrom (124 kDa) aus Hafer. Für das Spektrum von P_r (——) wurde die Probe mit dunkelrotem Licht (λ^{irr} = 738 nm) vorbestrahlt, das Spektrum des $P_r + P_{fr}$-Gemisches (– – –) entspricht dem rot adaptierten (λ^{irr} = 648 nm) Gleichgewicht von ca. 12% P_r + 88% P_{fr}, und P_{fr}^{calcd} (· · · · ·) ist auf 100% P_{fr} berechnet. (Spektren in [27] nachgezeichnet.)

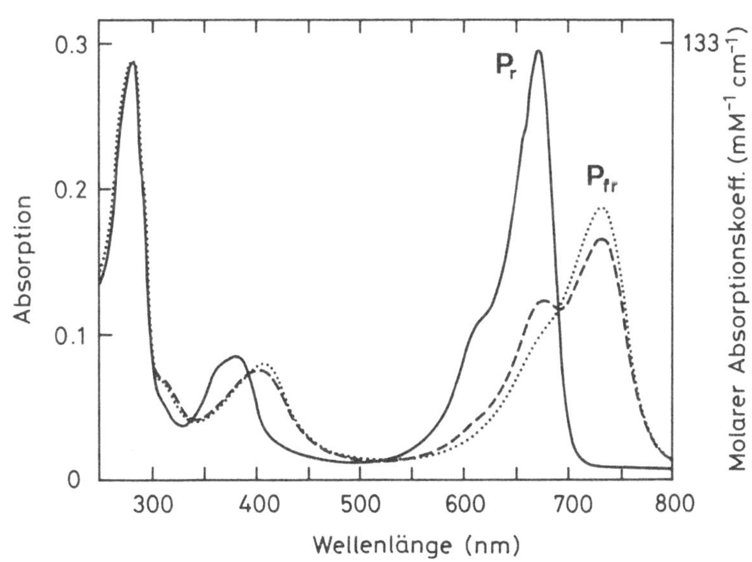

etiolierten Hafer-Keimlingen lediglich etwa 0,0004% des Frischgewichts (was nur einer $\geq 3 \cdot 10^{-8}$ molaren *in vivo*-Konzentration entsprechen würde!) [26], so ist sie bei der Verwendung von im Licht gewachsenem Material noch 10–100 mal geringer. Außerdem erschwert das Chlorophyll der ergrünten Pflanzen die Spektralanalyse während der Isolierung. Nach neueren Erkenntnissen bestehen allerdings auch Unterschiede in der Aminosäuren-Sequenz zwischen dem Phytochrom aus etiolierten und solchem aus grünen Pflanzen.

Die Einstellung eines photochromen $P_r \rightleftarrows P_{fr}$-Gleichgewichts ist mit den Absorptionsspektren der P_r- und P_{fr}-Formen kongruent (Abb. 4; siehe Abschnitt 3 bezüglich der mit dieser lichtinduzierten Absorptionsänderung, d. h. Photochromie, verbundenen Strukturveränderungen). Das Phytochrom-Molekül besitzt einen einzigen Chromophor, Phytochromobilin, der kovalent über einen Thioether an Cystein-321 gebunden ist (Abb. 5) und der in eine hydrophobe Tasche des Aminoendgruppen-Bereichs der Peptidkette eingebettet vom externen Medium abgeschirmt ist. In Lösung liegt das Biliprotein als ellipsoides Dimer vor, dies auch schon bei Konzentrationen unterhalb des *in vivo*-Wertes [8c]. Die Kontaktstelle für die Assoziation zum Dimer ließ sich im Bereich der Carboxylendgruppen lokalisieren, d.h. in einem Bereich, der vermutlich nicht in der Nähe der Chromophor-Domäne liegt.

Abb. 5: Phytochromobilin des P_r-Phytochroms. Die Z, Z, Z-konfigurierte „gestreckte" Konformation wurde in Analogie zu den Phycocyanobilin-Chromophoren im C-Phycocyanin der Cyanobakterien [36a] gewählt. Für andere Konformationsvorschläge, basierend auf anderen spektroskopischen Vergleichen, siehe [34, 35]; ferner ist die Möglichkeit in Betracht zu ziehen, daß der Pyrrolenin-Stickstoff protoniert ist [30, 36b].

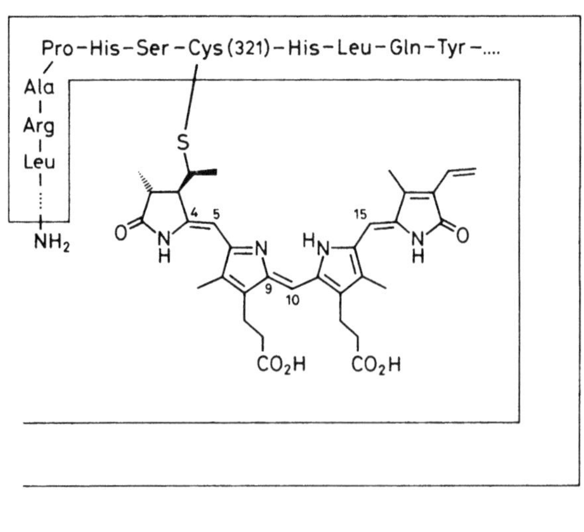

3. *Struktur von P_r- und P_{fr}-Phytochromobilin*

Die Konstitution und (zum Teil) die Konfiguration von Phytochromobilin sowie die kovalente Verknüpfung des Rings A mit dem Protein über einen Thioether waren 1980–83 sowohl für die P_r- [28–30] als auch die P_{fr}-Form [31, 32] aus etiolierten Pflanzen aufgeklärt worden. Wie Abb. 5 zeigt, handelt es sich in der Tat um ein Bilatrien. Die Chromophore von P_r und P_{fr} sind an der C(15)-Doppelbindung stereoisomer: P_r hat die 15 Z- und P_{fr} die 15*E*-Konfiguration. Die Konfigurationen der C(4)- und C(9)-Doppelbindungen stehen noch in keinem Fall fest. Verbindungen dieser Art können sich überdies auch noch konformativ durch Drehung um die C-C-Einfachbindungen der drei Methinbrücken unterscheiden [33]. Die im Protein bevorzugten Konformationen von P_r- und P_{fr}-Phytochromobilin entsprechen auf Grund gewisser Absorptionsmerkmale [34, 35] höchst wahrscheinlich einer von mehreren möglichen „gestreckten" Formen (im Gegensatz zur helikalen, „cyclischen" all-syn-Z, Z, Z-Form) wie z.B. der in Abb. 5 willkürlich gewählten, die eine gestreckte Konformation mit Z, Z, Z-Konfiguration darstellt. Eine endgültige Zuordnung ist aber gegenwärtig nicht möglich.

In diesem Zusammenhang ist ein Hinweis erwähnenswert auf die röntgenstrukturanalytisch gesicherten [36a] *in-vivo*-Konformationen der drei Phycocyanobilin-Chromophore in C-Phycocyanin, einem Protein der Lichtsammel-Antennen (Phycobilisome) von Cyanobakterien u.a.m. Dieser Chromophortyp ist konstitutionell dem Phytochromobilin sehr nahe verwandt, wird aber nicht einer die Energie → Signal-Wandlung einleitenden Photoreaktion unterworfen, sondern dient der Absorption und höchst effizienten Weiterleitung von Lichtenergie zum photosynthetischen Reaktionskomplex. Zwei der Chromophore haben Z, Z, Z-Konfiguration und liegen in starren, „gestreckten" anti, syn, anti-Konformationen vor (in Analogie dazu wurde die Konformation des Phytochromobilins in Abb. 5 gewählt), nur die dritte ist an der C(15)-Doppelbindung stark in Richtung zur *E*-Konfiguration verdrillt.

Die photochemisch induzierte $P_r \rightarrow P_{fr}$-Umwandlung manifestiert sich, wie oben bereits vorweggenommen, im chemisch aus dem Protein herausgelösten Phytochromobilin einzig in der $Z \rightarrow E$-Isomerisierung der C(15)-Doppelbindung (s. Abb. 5) [31, 32]. Ob sich das P_{fr}-Phytochromobilin im intakten Protein noch zusätzlich hinsichtlich der Konformation vom P_r-Chromophor unterscheidet, ist noch nicht abgeklärt. Änderungen in der dichroitischen Orientierung des Phytochroms beim $P_r \rightarrow P_{fr}$-Übergang sind dahingehend interpretiert worden [37], daß sich dabei das langwellige Übergangsmoment von Phytochromobilin im Protein anders ausrichtet.

Zusätzlich zur Konfigurationsänderung am Chromophor sind auch mit der $P_r \rightarrow P_{fr}$-Umwandlung verbundene Änderungen in der sekundären und tertiären

Proteinstruktur nachgewiesen worden. Die in [6], [8 b, c] und [38] zusammengefaßten umfänglichen Resultate lassen u. a. erkennen, daß die Selektivität der proteolytischen Fragmentierung modifiziert wird und das NH_2-terminale 6 kDa-Polypeptidsegment in P_r für spezifische Antikörper besser zugänglich ist. Ferner weist P_{fr} mehr austauschbare Protonen auf als P_r und der Chromophor reagiert mit gewissen Reagenzien in P_{fr} deutlich rascher als in P_r. Solche Änderungen sind nur mit einer räumlichen Umorganisation des Proteins, einer generell größeren Abschirmung des Chromophors durch das Protein in P_r als in P_{fr} und einer weitergehenden Abschirmung im intakten Protein als in den partiell abgebauten Molekülen zu erklären.

4. Photophysikalische Eigenschaften des P_r-Phytochroms

Unsere eigenen Untersuchungen an diesem faszinierenden Biliprotein-System begannen vor fast zehn Jahren, unter der sehr kompetenten Leitung von Silvia Braslavsky, einer physikalischen Photochemikerin ohne frühere biochemische und biophysikalische Erfahrung. In den Untersuchungen im Pikosekunden-Zeitbereich wird sie von Alfred Holzwarth unterstützt, einem Spektroskopiker und (1978) ebenso photobiologischen Neuling, dessen Forschungsschwerpunkt sich auf ultraschnelle Prozesse wie die Leitung der Lichtanregungsenergie in Antennenkomplexen und die Ladungstrennung in Antennen/Reaktionszentrumskomplexen von photosynthetischen Organismen konzentriert.

Vorrangiges Ziel unserer Arbeiten ist es, die molekularen Aspekte der $P_r \rightarrow P_{fr}$-Umwandlung *in vitro* bei physiologischen Temperaturen (d. h. ≥ 275 K) und *in vivo* mechanistisch aufzuklären. Hinsichtlich des letzteren Ziels sind erst verhältnismäßig wenige Resultate zu verzeichnen (Abschnitt 5.1: [72, 73]). Die mit unseren Vorhaben verbundenen analytischen Anforderungen ließen sich zum Teil nur bewältigen, indem einige, insbesondere zeitaufgelöste, spektroskopische Methoden erst verbessert bzw. neuentwickelt wurden.

So diente für kinetische Fluoreszenz-Messungen im Pikosekunden-Bereich eine ‚single-photon-timing'-Anlage (SPT) mit von einem modengekoppelten Laser synchron gepumptem Farbstofflaser-System und alternativ geschalteten konventionellen und Mikrokanalplatten-Photovervielfachern, womit unter Verwendung geeigneter Entfaltungsmethoden Lebenszeiten bis hinunter zu 5–10 ps meßbar sind [39, 40]. Diese Zeitauflösung übertrifft jene vergleichbarer Systeme mit konventionellen Photodetektoren um das Zwei- bis Dreifache. Das SPT-System ist selbst bei extrem niedrigen Laserpuls-Intensitäten von $1 \cdot 10^{10}$ Photonen/cm^2 und einer Repetierrate von 800 kHz, wie sie in photobiologischen Untersuchungen oft notwendig sind, ausreichend empfindlich. Auch ist es hinsichtlich des weiten dynamischen Bereichs von wenigen ps bis etwa 10 ns und des optimalen Signal/Rausch-Verhältnisses unübertroffen. Lebenszeiten der Komponenten multiexponentieller Zerfallskurven werden mit einer iterativen Faltmethode bestimmt. Als Qualitätskriterien der Anpassung der theoretischen an die experimentelle Zerfallsfunktion dienen reduzierte Fehlerquadrate und gewichtete Differenzen (vgl. Abb. 7). Die Analyse komplexer Zerfallskurven kann zusätzlich mit Hilfe eines Algorithmus für globale Datenanalyse, der für die Anwendung in der Pikosekunden-Kinetik von Fluoreszenz und Transientenabsorption entwickelt wurde, weiter verbessert werden. Sie liefert individuelle Emissionsspektren der kinetischen Zerfallskomponenten auch dann, wenn sich die Wellenlängenbereiche dieser Spektren weitgehend überlappen (vgl. Abb. 8) [41].

Eine weitere Entwicklung betrifft die laser-induzierte optoakustische Spektroskopie (LIOAS). Die Einführung der β-Polyvinylidendifluorid-Folie als piezoelektrischer Breitfrequenzband-Detektor ermöglichte erstmals Bestimmungen des Echtzeitverlaufs der Druckwellenbildung [42], die auf die Wärmeabgabe bei der ‚internal conversion', der strahlungslosen Rückführung eines elektronisch angeregten Zustandes in den Grundzustand, zurückgeht. Damit können kinetische (Ausbeuten und Lebenszeiten) und kalorimetrische LIOAS-Messungen mit einer Zeitauflösung von etwa 30 ns bis 2 μs ausgeführt werden.

Die im folgenden beschriebenen Ergebnisse wurden, soweit nicht anders angegeben, stets *in vitro* mit 124 kDa-Phytochrom aus etioliertem Hafer (*Avena sativa* L.) in Ethylenglykol-haltiger Phosphatpufferlösung bei $\geq$275 K erzielt. Als erstes galt es, die photophysikalischen und photochemischen Parameter von P_r zu bestimmen, unter Einsatz stationärer (Fluoreszenz) und zeitaufgelöster Spektroskopiemethoden (Fluoreszenz, Optoakustik) [2, 43, 44]. Mit anderen Worten, es waren die verschiedenen Desaktivierungskanäle von elektronisch angeregtem P_r qualitativ und quantitativ zu erfassen.

Die stationären Fluoreszenz- und Fluoreszenzanregungs-Spektren von P_r [45 a] sind in Abb. 6 wiedergegeben. Breite der langwelligen Anregungs(= Absorptions-)bande, Blau/Rot-Intensitätsverhältnis der Absorptionsmaxima (Anregungsspektrum: $I_{380\,nm}/I_{666\,nm}$ = 0,5) und 0-0-Energieunterschied zwischen Absorption und Emission (Stoke-Verschiebung; 180 kJ · Mol^{-1}) – alle drei Kriterien für die Unterscheidung zwischen der cyclischen und den diversen gestreckten Formen der linearen Bilatriene [33, 34] – deuten auf eine gestreckte Anordnung von Phytochromobilin hin. Gestreckte Formen sind inhärent starrer als die cyclische Konformation dank intramolekularer Stabilisierungskräfte (Wasserstoff-Brücken). Damit einhergehend sind die gestreckten Formen durch eine schmalere langwellige Anregungsbande sowie ein kleineres Blau/Rot-Verhältnis und eine kleinere Stoke-Verschiebung charakterisiert [33].

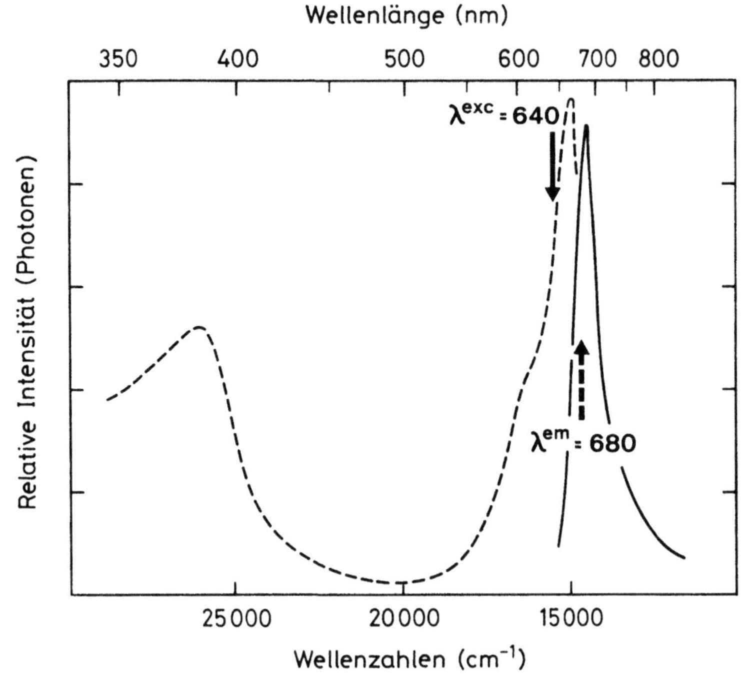

Abb. 6: Korrigierte stationäre Fluoreszenz- (——) und Fluoreszenzanregungs-Spektren (- - -) bei 275 K von P_r-Phytochrom (124 kDa). (Spektren in [45] nachgezeichnet.)

Die mit Hilfe der SPT-Methode untersuchte P_r-Fluoreszenz zerfällt nach einem tri-exponentiellen Zeitgesetz (Abb. 7[1]) [45a]. Die Fluoreszenzspektren der drei Komponenten zeigen um 665 nm eine Phytochromobilin-artige Emission für die ihnen zuzuordnenden Grundzustands-Spezies (Abb. 8). Unter der plausiblen Voraussetzung, daß die letzteren ungefähr gleiche Absorptionskoeffizienten besitzen, sind die relativen Amplituden der Fluoreszenzzerfalls-Komponenten (P_r^{1*}: ca. 91%; P_r^{2*}: ca. 8%; P_r^{3*}: ca. 1%)[2] auch ein Maß für die Anteile an den entsprechenden Grundzuständen P_r^1, P_r^2 und P_r^3. Allerdings sind nur die beiden Komponenten mit den größeren relativen Amplituden und den kürzeren Fluoreszenz-Lebenszeiten ($\tau_1^* \simeq 44$ ps, $\tau_2^* \simeq 190$ ps) durch eine für Phytochrom charakteristische ($P_r \leftrightarrows P_{fr}$)-Photochromie gekennzeichnet. Die kleinste P_r-Komponente mit der längsten Fluoreszenzlebenszeit ($\tau_3^* \simeq 1.1$ ns) ist nicht voll „photoreversibel". Das Kriterium

1 Bei kleineren Abweichungen vergleichbarer Daten für Phytochrompräparate desselben Molekulargewichts (vgl. Tabellen 1–3 sowie Abb. 7) ist zu berücksichtigen, daß die Werte oft in großen zeitlichen Abständen an Material aus getrennten Isolationsgängen gemessen wurden.

2 Elektronisch angeregte Zustände sind, soweit dies zum besseren Verständnis wünschbar ist, mit * gekennzeichnet.

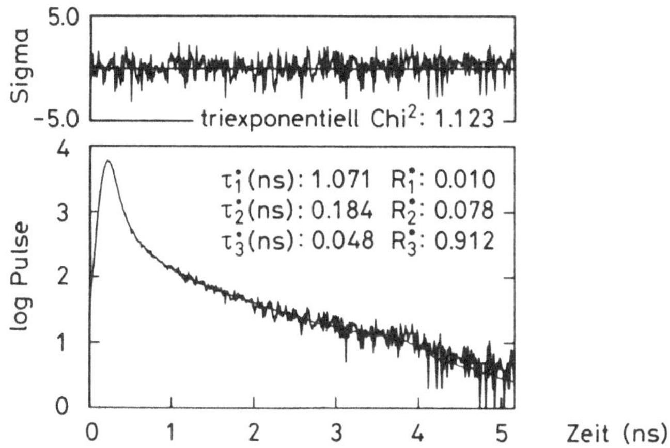

Abb. 7: Fluoreszenzzerfall von P_r-Phytochrom (124 kDa); Anregung bei $\lambda^{exc} = 640$ nm, Emissionsmessung bei $\lambda^{em} = 680$ nm. Die gemessene (mit Signalrauschen behaftete) sowie die mit den besten Anpassungsparametern berechnete Abklingkurve sind in semilogarithmischer Darstellung wiedergegeben unter Angabe der berechneten Lebenszeiten τ^*_{1-3} und der relativen Amplituden R^*_{1-3} der Zerfallskomponenten. Darüber sind die gewichteten Abweichungen der berechneten Parameter vom gemessenen Zerfall sowie der Wert der reduzierten Fehlerquadrate gezeigt. (Entspricht Abbildung 4 in [45a].)

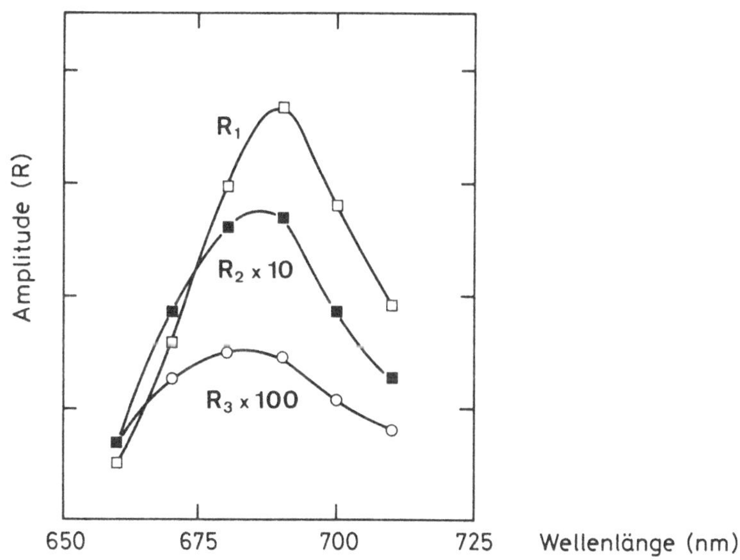

Abb. 8: Zeitaufgelöste korrigierte Emissionsspektren der Fluoreszenzkomponenten τ^*_{1-3} mit den relativen Amplituden R^*_{1-3} von P_r-Phytochrom (124 kDa). Sie wurden durch eine Globalanalyse erhalten, indem die Zerfalls-Amplituden und -Lebenszeiten simultan mit variabler Anregungs- (λ^{exc}) und konstanter Emissions-Wellenlänge berechnet wurden in der Annahme, daß die Lebenszeiten von λ^{exc} unabhängig sind (vgl. Abb. 7 und Tabelle 3). (Entspricht Abbildung 2 in [46].)

Tabelle 1: Vergleich der *in-vitro* photophysikalischen und photochemischen Parameter der 64 kDa-, 114/118 kDa- und 124 kDa-P_r-Phytochrom-Präparate aus Hafer in Kaliumphosphat/Ethylenglykol-Pufferlösung bei 275–278 K[1]

Parameter	64 kDa	114/118 kDa	124 kDa	Lit.
Natürliche Lebenszeit, τ^*_{rad} (ns)	14	14	14	[46, 47]
Gemessene Lebenszeit, τ^*_1(exp) (ps)	45 ± 10	45 ± 10	44 ± 3	[45a, 46, 48]
Berechnete Fluoreszenz-Quantenausbeute, Φ_f(ber) $\cdot 10^3$ #	$3{,}2 \pm 0{,}4$	$3{,}2 \pm 0{,}4$	$3{,}1 \pm 0{,}4$	[46, 48]
Fluoreszenz-Quantenausbeute, korrigiert für Emission aus Verunreinigungen, Π Φ_f(exp, korr) $\cdot 10^3$	$1{,}5 \pm 0{,}3$	$2{,}0 \pm 0{,}2$	$2{,}9 \pm 0{,}4$	[45a, 48]
Unkorrigierte prompte Wärmeabgabe aus angeregtem P_r und I^i_{700}, α §	0,90	–	$0{,}91 \pm 0{,}02$	[49, 50]
Quantenausbeuten der Photoumwandlung,				
$\Phi_{r \to 700}$	–	–	>0,5	[49]
$\Phi_{r \to fr}$	0,21	0,17	0,15	[27, 51, 52]
$\Phi_{fr \to r}$	0,14	0,17	0,06	[27]

$\Phi_f(\text{ber}) = \tau^*(\text{exp})/\tau^*_{rad}$.

Π Zu einer zusätzlichen Fluoreszenz bei kürzeren Wellenlängen, die einem nukleophil an C-10 substituierten Phytochromobilin zugeschrieben wird, vgl. [53]. Siehe [54] für einen vergleichbaren Φ_f-Wert von 114/118 kDa-P_{fr} und [44] für eine Besprechung abweichender Literaturwerte.

§ Vgl. Gleichung (1); Werte bestimmt mit $\lambda^{exc} = 660$ nm bei $\tau'_a = 400$ ns (64 kDa) bzw. 532 ns (124 kDa).

[1] Vgl. Fußnote 1 Seite 56.

der Photochromie qualifiziert somit P^1_r und P^2_r als funktionelle Phytochrom-Spezies, während der Komponente P^3_r keine erkennbare Rolle zugeordnet werden kann. Es handelt sich möglicherweise lediglich um eine Beimengung ohne biologische Funktion, die allerdings bisher in allen unseren Phytochrom-Präparaten ungeachtet des Molekulargewichts und der Isolierungsbedingungen in unverändert geringem Ausmaß zu finden war.

Die Fluoreszenz leistet nur einen sehr untergeordneten Beitrag zur Desaktivierung des Singulett-Anregungszustandes der P_r- und P_{fr}-Phytochromobiline. So ist es einerseits bislang überhaupt nicht gelungen, eine Emission von P^*_{fr} festzustellen. Andererseits gibt die verhältnismäßig sehr geringe Fluoreszenz-Quantenausbeute der photochromen P_r-Komponenten, P^1_r und P^2_r {$\Phi_f(\text{exp/korr}) = \text{ca. } 2{,}6 \cdot 10^{-3}$ (aus Tabellen 1 und 3)}, einen direkten Anhaltspunkt dafür, daß der Abbau überwiegend auf strahlungslosen Wegen {durch ‚internal conversion' zurück in den elektronischen Grundzustand von P_r sowie durch photochemische Primärreaktion(en)} erfolgt. Dennoch reicht die Fluoreszenz aber aus, um als empfindliche Sonde zur Untersuchung gewisser Aspekte der mit ihr konkurrierenden photochemischen Primärreaktion von P_r^* eingesetzt zu werden (siehe Abschnitte 5.1 und 5.3).

Aus Vergleichsmessungen der Fluoreszenz-Quantenausbeuten bei den Anregungswellenlängen 380 und 640 nm folgt für 124 kDa- ebenso wie für die partiell abgebauten (64 und 114/118 kDa-) P_r-Präparate, daß auch höhere Anregungszustände ausschließlich durch ‚internal conversion' über den tiefstliegenden emittierenden Singlettzustand desaktiviert werden [45b, 48]. Insbesondere ist zu beachten, daß eine geringfügig kleinere Ausbeute bei kurzwelliger Anregung lediglich der Absorption eines chemisch modifizierten Phytochromobilins zuzuschreiben ist, das bei kürzerer Wellenlänge fluoresziert und das funktionell nicht P_r zugeordnet werden kann [53].

5. *Die lichtinduzierte $P_r \rightarrow P_{fr}$-Umwandlung*

Die $P_r \rightarrow P_{fr}$-Umwandlung ist schon früh als eine Reaktionsfolge diskutiert worden, die mindestens zwei spektroskopisch erfaßbare Zwischenstufen umfaßt:

$$P_r \rightarrow \underset{(=\text{„lumi-R“})}{I_{700}} \rightarrow \underset{(=\text{„meta-R“})}{I_{bl}} \rightarrow P_{fr}$$

Untersuchungen bei relativ tiefen Temperaturen ergaben ein ähnlich komplexes Reaktionsbild [8b, 55], das bisher aber noch nicht eindeutig mit den Vorgängen bei höheren – physiologischen – Temperaturen korreliert worden ist. Immerhin ließen Resultate mit 64 kDa-P_r [56, 57] aber auch bei Raumtemperatur eine Vielschritt-Kinetik der Umwandlung erkennen. Unsere eigenen Ergebnisse lassen sich im folgenden an Hand des Reaktionsschemas der Abb. 9 verfolgen.

5.1 *Die photochemischen Primärreaktionen und die erste Stufe thermischer Sekundärschritte*

Die blitzphotolytischen Untersuchungen mit Nanosekunden-Laseranregung, in denen Absorption [58–60] und optoakustische Signale [49, 50, 61] der Transienten gemessen wurden, zeigen, daß in der Primärreaktion von P_r^* parallel zwei Photoprodukte in einer Quantenausbeute von insgesamt $\geq 0{,}5$ entstehen: 38% an I_{700}^1 mit einer Lebenszeit von $\tau_{1(700)} \simeq 21\ \mu s$ und 62% an I_{700}^2 mit $\tau_{2(700)} \simeq 200\ \mu s$ (bei 275 K in Ethylenglykol-freier Pufferlösung) (Tabelle 2). Es handelt sich dabei um Zwischenprodukte mit einem Absorptionsmaximum bei 695 nm, die ursprünglich

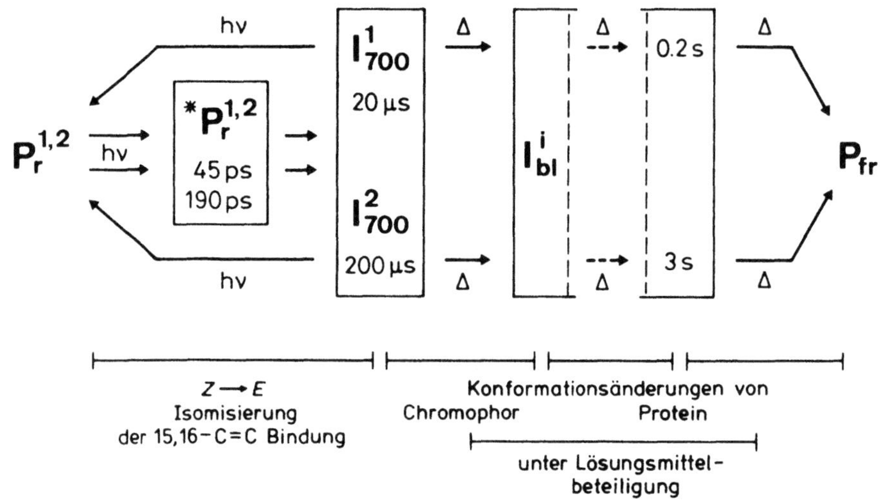

Abb. 9: Arbeitshypothetisches mechanistisches Schema der $P_r \rightarrow P_{fr}$-Umwandlung. Die Zahl der zwischen I^i_{bl} und P_{fr} auftretenden Stufen (– – –) ist noch ungewiß. Ferner blieb die thermische Rückbildung von P_r aus den Zwischenstufen unberücksichtigt; mittlere Lebenszeit-Werte bei 275 K.[1]

Abb. 10: Optoakustisches Aktionsspektrum der Wärmeabgabe (α: –△–) aus den P_r^*- (64 kDa) und I^{i*}_{700}-Zuständen, bezogen auf die durch P_r absorbierte Lichtenergie {Kalibrierung mit $CuCl_2$ (· · · · ·)}. (Aus Abbildung 5 in [50].)

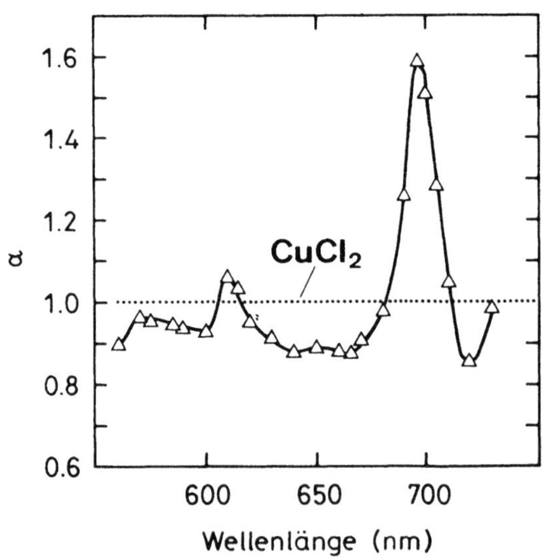

[1] Vgl. Fußnote 1 Seite 56.

Tabelle 2: Kinetische Parameter des Absorptionszerfalls sowie Mengenverhältnis der photochemischen Primärprodukte I^1_{700} und I^2_{700} aus freiem (64, 114/118 und 124 kDa) und Liposomen-gebundenem P_r-Phytochrom aus Hafer[1]

Parameter	I^i_{700} aus freiem P_r bei 275 K#			I^i_{700} aus Liposomen-gebundenem P_r (124 kDa) bei 273 K#	
	64 kDa [59]	114/118 kDa [65]	124 kDa [59, 60]	SYL$^{\Pi}$ [75]	DOL§ [75]
$\tau_{1(700)}$ (μs)	21 ± 4	15	21 ± 3 $25 \pm 3^+$	19 ± 2	22 ± 2
E_{a_1} (kJ · Mol^{-1})	60 ± 2		54 ± 2 $54 \pm 2^+$	59 ± 10	50 ± 2
$\log A_1$	$16{,}2 \pm 0{,}4$		$15{,}1 \pm 0{,}3$ $14{,}9 \pm 0{,}2^+$	$16{,}0 \pm 1{,}7$	$14{,}3 \pm 0{,}3$
$\tau_{2(700)}$ (μs)	230 ± 30	217	200 ± 20 $240 \pm 20^+$	226 ± 23	196 ± 20
E_{a_2} (kJ · Mol^{-1})	63 ± 3		58 ± 1 $58 \pm 1^+$	58 ± 3	54 ± 3
$\log A_2$	$15{,}7 \pm 0{,}3$		$14{,}7 \pm 0{,}2$ $14{,}6 \pm 0{,}1^+$	$14{,}7 \pm 0{,}5$	$14{,}1 \pm 0{,}2$
$a_1/(a_1+a_2)$	$0{,}38 \pm 0{,}04$	0,38	$0{,}38 \pm 0{,}02$ $0{,}20 \pm 0{,}02^+$	$0{,}43 \pm 0{,}02$	$0{,}43 \pm 0{,}02$

Kaliumphosphat-Pufferlösung. Gleiche I^i_{700}-Daten für SYL-gebundenes$^{\Pi}$ P_r in Tris(hydroxymethyl)aminomethan-Pufferlösung.

Π Unilamellare Liposomen von 500–600 Å Durchmesser aus Soyabohnen-Lecithin.

§ Dto. aus Dioleyllecithin.

+ Kaliumphosphat-Pufferlösung mit 20% v/v Ethylenglykol.

1 Vgl. Fußnote 1 Seite 56.

für eine einheitliche Spezies, „lumi-R“, gehalten [62] und erst in späteren Etappen der Phytochrom-Studien als Mischung aus mindestens zwei Komponenten erkannt wurden [55–57, 63–71].

Die Wärmeenergie-Menge, die nach der Anregung von P_r durch strahlungslose Desaktivierung abgegeben und optoakustisch detektiert wird (LIOAS), zeigt positive Abweichungen (d. h. $\alpha > 0$; vgl. Gleichung 1) von den Werten, die auf Grund des Absorptionsspektrums von P_r allein zu erwarten sind (Abb. 10) [50, 61]. Damit ist erwiesen, daß bereits während der 15 ns-Dauer des Anregungspulses ein oder mehrere Zwischenprodukte entstanden sind, die ihrerseits innerhalb derselben Zeitspanne ebenfalls wieder Licht absorbieren und (mindestens zum Teil) unter Wärmeabgabe den elektronischen Grundzustand der betreffenden Spezies (durch ‚internal conversion‘) und/oder von P_r (durch photochemische Rückreaktion) zurückbilden. Die Ausbildung primärer Photoprodukte innerhalb der Nanosekunden-Pulsdauer war natürlich schon aufgrund der viel kürzeren Lebenszeiten der photochromen Fluoreszenzzerfalls-Komponenten P_r^{1*} und P_r^{2*} zu erwarten.

Die spektrale Verteilung der Abweichungen der Wärmeenergie-Menge lassen auf ein für Zwischenprodukte vom I_{700}-Typus charakteristisches Maximum bei 695 nm schließen. Eine unabhängige Bestätigung dafür ergab sich aus der Differenz zwischen der anfänglichen Absorption und der mittleren Absorption während der Pulsdauer [49]. Bei 660 nm zeigte sich eine Ausbleichung um etwa 25% und bei 695 nm eine Absorptionserhöhung von 25%, d. h. daß eine Spezies entsteht, die bei 660 nm weniger stark und bei 695 nm mehr absorbiert als P_r. Da der thermische Abbau von I^i_{700} (Weiterreaktion zu I^i_{bl}) deutlich langsamer ist als seine photochemische Rückführung in P_r [69], impliziert der optoakustische Befund überdies auch eine gleichzeitige Einstellung des dynamischen Photogleichgewichtes $P_r \leftrightarrows I^{1,2}_{700}$ innerhalb der 15 ns (siehe Abb. 11). Die gleiche Schlußfolgerung ergab sich auch aus *in-vivo*-Versuchen mit Nanosekunden-Laserpulsen [70, 72, 73].

Das Gleichgewicht $P_r \leftrightarrows I^{1,2}_{700}$ stellt sich allerdings unter natürlichen Bedingungen nicht ein, sind doch die Lichtintensitäten bei der Laseranregung sehr viel höher. Die photochemische *in-vivo*-Rückführung der I_{700}-Zwischenstufen in P_r ließ sich dennoch am Beispiel der Keimung von Salatsamen demonstrieren: mit Laserpulsen von 690 nm war die Keimrate geringer als mit solchen von 620 nm, da mit der ersteren Wellenlänge die I_{700}-Zwischenprodukte vermehrt wieder in physiologisch inaktives P_r zurückverwandelt werden [72].

Die zeitaufgelöste LIOAS, hier erstmalig auf ein komplexes Naturstoffproblem angewendet, lieferte ferner auch weitergehende kinetische und schließlich kalorimetrische Aufschlüsse [49]. So läßt sich die Quantenausbeute $\Phi_{r \rightarrow 700}$ der Photo-

Abb. 11: Zustands- und Reaktionsdiagramm des Systems $P_r \leftrightarrows I^i_{700} \rightarrow I^i_{bl}$ mit den experimentell nachgewiesenen Wegen des Energieabbaus via Reaktionen (– – –), Fluoreszenz (· – · – ·) und strahlungsloser ‚internal conversion' (~~~~). Zum ΔE-Wert siehe Text; eine Bestimmung des Werts für $\Delta E'$ von I^i_{bl} steht noch aus. (Entspricht Abbildung 9 in [49].)

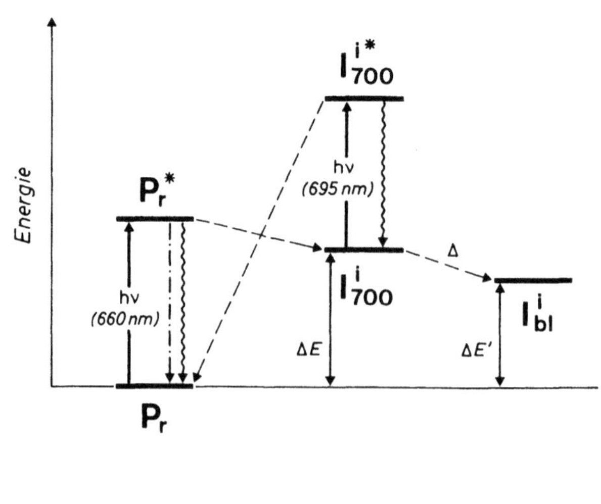

reaktion $P_r \rightarrow I^i_{700}$ unter Vernachlässigung der geringen Fluoreszenz [45] anhand der Energiegleichung (1) [74] berechnen.

$$\Phi_{r \rightarrow 700} \cdot \Delta E = N_A \cdot h \cdot \nu (1-\alpha) \qquad (1)$$

Der Ausdruck $\Phi_{r \rightarrow 700} \cdot \Delta E$ bezeichnet die über die akustische Transitzeit τ_a' (30 – 530 ns) hinaus in I^i_{700} gespeicherte Energie, N_A die Avogadro-Zahl, h die Planck-Konstante, ν die Frequenz der Laseranregung und α den Anteil der „prompt" (d. h. innerhalb von τ_a') abgestrahlten Wärme an der gesamten absorbierten Energie. Im kürzest möglichen Meßintervall beträgt der Faktor $\alpha \simeq 0{,}5$ (nach Korrektur für die Beiträge von I^i_{700} an die Wärmeentwicklung). Es ist ferner plausibel anzunehmen, daß die Reaktion $P_r^* \rightarrow I^i_{700}$ exotherm ist. ΔE (= Energieinhalt der I^i_{700}-Produkte; vgl. Abb. 11) ist dementsprechend kleiner als die 0-0-Energiedifferenz zwischen Anregungs- und Grundzustand ($P_r^* - P_r$), die ihrerseits (siehe Abschnitt 4) ebenso wie das Produkt $N_A \cdot h \cdot \nu$ (für λ^{exc} = 660 nm berechnet) 180 kJ $\cdot$ Mol^{-1} beträgt. Die Quantenausbeute $\Phi_{r \rightarrow 700}$ muß somit gemäß Gleichung (1) 0,5 oder mehr betragen [49]. Sie übertrifft die Gesamtausbeute $\Phi_{r \rightarrow fr}$ um mehr als das Dreifache (vgl. Tabelle 1). P_r wird demnach teilweise auf einem oder mehreren Wegen aus Zwischenprodukten wie I^i_{bl} u. a. thermisch zurückgebildet. Diese Rückbildung des Ausgangsmaterials muß relativ langsam sein. Sie entzieht sich dem Nachweis der blitzphotolytischen Verfahren, die eine Zeitskala von maximal 2 ms kinetisch erfassen.

Die Abklingkurven der Differenzabsorptionen (vgl. Abb. 12), die nach der Laseranregung von P_r erhalten wurden, lieferten zeitaufgelöste Differenzspektren, wie sie beispielsweise in Abb. 13 wiedergegeben sind. Die negativen ΔA-Werte kennzeichnen den Wegfall an P_r-Absorption, die im Verlauf von 2 ms nicht wieder anstieg, und die positiven ΔA-Werte ergeben sich aus der stattdessen neu aufgetretenen Absorption von I^i_{700}, die innerhalb von 1 ms wieder ausbleichte [58, 59]. Diese Abnahme der I^i_{700}-Absorption erfolgte nach einem Zeitgesetz, das sich für die Periode bis zu 2 ms aus zwei Monoexponential-Zerfallsfunktionen und einer Konstanten gemäß Gleichung (2) zusammensetzt.

$$\Delta A = a_1 \cdot \exp(-t/\tau_{1(700)}) + a_2 \cdot \exp(-t/\tau_{2(700)}) + a_3 \qquad (2)$$

In dieser Gleichung stehen a_1 und a_2 für die Amplituden der beiden Zerfallskomponenten mit den entsprechenden Geschwindigkeitskonstanten erster Ordnung ($1/\tau_{i(700)}$) sowie a_3 für die Amplitude einer nach Ablauf von 1 ms noch verbleibenden Restabsorption. Abb. 12 illustriert die gute Übereinstimmung der I^i_{700}-Absorptionsabnahme mit Gleichung (2) in den Wellenlängenbereichen mit sowohl positivem {bei 410 nm (in Abb. 13 nicht gezeigt) und 695 nm} als auch negativem ΔA (bei 645 nm; hier wird die I^i_{700}-Intensität vom größeren Verlust an P_r-Absorption überkompensiert).

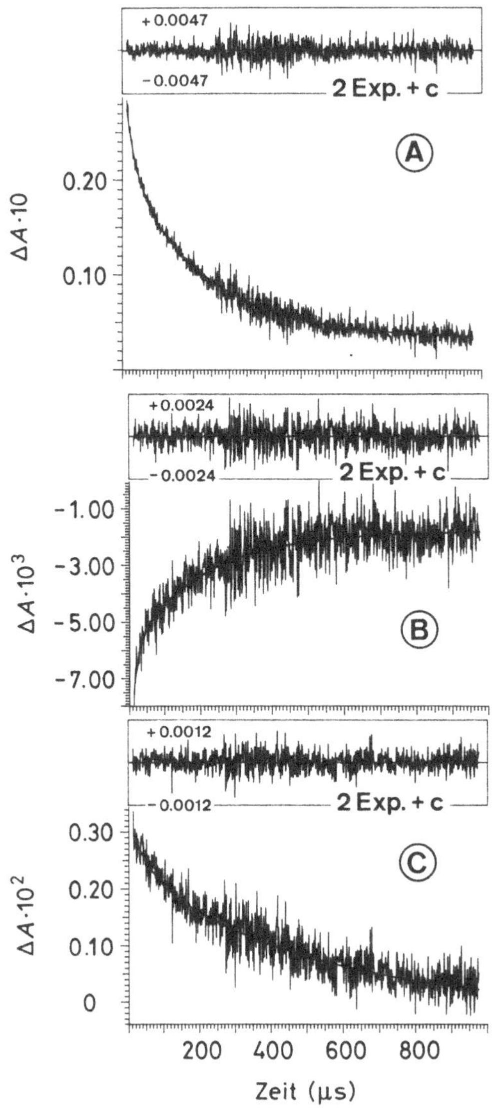

Abb. 12: Abklingkurven der I_{700}-Absorption bei 695 nm (A), 645 nm (B) und 410 nm (C) nach der Anregung von P_r (124 kDa) mit einem 15 ns-Laserpuls (λ^{exc} = 650 nm) bei 275 K. Die experimentellen Werte wurden einer Summe von zwei Exponentialzerfällen und einer Konstante angepaßt (vgl. Gleichung 2). Oberhalb der Abklingkurven sind jeweils die gewichteten Abweichungen der berechneten Zerfallsfunktion von den gemessenen Daten sowie die Werte der reduzierten Fehlerquadrate gezeigt. (Entspricht Abbildung 4 in [59].)

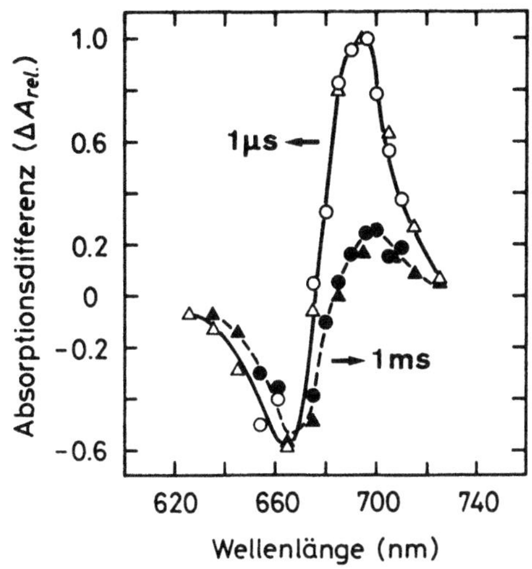

Abb. 13: Zeitaufgelöstes Differenzspektren der Absorptions-Abklingkurven von I_{700}^{i} (siehe z. B. Abb. 12) bei verschiedenen Meßwellenlängen, aufgenommen 1 μs (–○–○–, –△–△–) und 1 ms (–●–●–, –▲–▲–) nach der Anregung von freiem bzw. an Liposomen gebundenem P_r (124 kDa) mit einem 15 ns-Laserpuls (λ^{exc} = 650 nm) bei 275 K. Die ΔA-Werte sind auf die 1 μs-Signalamplitude bei 695 nm normalisiert. (Entspricht Abbildungen 2B in [59] und 1 in [75].)

Die Restabsorption a_3 ist möglicherweise auf ein oder mehrere weitere, noch nicht identifizierte Zwischenprodukte zurückzuführen. Es muß sich dabei entweder um ein drittes Primärphotoprodukt oder aber um bereits thermisch gebildete Sekundärprodukte handeln, wie z. B. I_{bl}^{i}, die wesentlich langsamer abgebaut werden [65, 67] als die sich bereits innerhalb von Mikrosekunden umsetzenden I_{700}^{1}- und I_{700}^{2}-Spezies. Die Abklingzeit von a_3 liegt deshalb außerhalb des kinetisch analysierbaren Zeitbereichs der beschriebenen Versuchsanordnung [59] mit Nanosekunden- bis Millisekunden-Auflösung. Dieser Umstand ebenso wie die äußerst geringen Absorptionsdifferenzen ließen keine weitergehende Datenaufarbeitung zu [50, 59, 75].

Der Vorschlag, daß P_r parallel (Abb. 9) und nicht etwa stufenweise (d. h. $P_r \rightarrow I'_{700} \rightarrow I''_{700} \rightarrow I_{bl}^{i}$) in zwei I_{700}-Produkte umgewandelt wird, stützt sich auf die Abhängigkeit des Koeffizienten $a_1/(a_1 + a_2)$ (Gleichung 2) von Temperatur und Medium unmittelbar nach der Photoreaktion (vgl. dazu Abschnitt 5.4, Abb. 15) [59, 75]. Das Absinken des Anteils an I_{700}^{1} beim Erwärmen (von 38% bei 273 K auf 33% bei 298 K) korreliert quantitativ auch nicht mit der sehr kleinen Temperaturabhängigkeit der Fluoreszenz-Zerfallskomponenten [76]. Somit ist auch ausgeschlossen, daß I_{700}^{1} und I_{700}^{2} aus unterschiedlichen P_r-Spezies (d. h. P_r^{1*} und P_r^{2*}) entstehen. Der gegenwärtige Stand der Untersuchungen der weiteren Zwischenprodukte erlaubt schließlich keine abschließende Aussage über die Feststellung hinaus, daß aufgrund einer kinetischen Analyse der P_{fr}-Bildung wahrscheinlich drei I_{bl}-Formen mit Lebenszeiten im höheren Millisekundenbereich auftreten [69] (vgl. dazu auch Abschnitt 5.3).

5.2 Ein Vergleich der 64 kDa- und 114/118 kDa-P_r-Präparate mit freiem und an Liposomen gebundenem 124 kDa-P_r [1]

Die drei freien Formen unterschiedlichen Molekulargewichts sind sich hinsichtlich der Fluoreszenz sehr ähnlich. Dies gilt für die Form der stationären Emissions- und Anregungsspektren, für die jeweils triexponentielle Zerfallsfunktion und deren Komponenten-Zusammensetzung, für die Emissionsparameter {Tabelle 1: vgl. τ^* (exp), Φ_f (exp, korr)}, für die prompte Wärmeabgabe aus den P_r^{i*}- und I_{700}^{i*}-Spezies (α) und für die Gesamtquantenausbeute ($\Phi_{r \rightarrow fr}$).

Die Übereinstimmung erstreckt sich darüber hinaus auch auf die I_{700}-Primärprodukte von 64 kDa- und 124 kDa-P_r und ihre thermische Umwandlung in I_{bl}^i. So sind die thermische Zerfallskinetik und Aktivierungsparameter von I_{700}^1 und I_{700}^2 beider Molekulargewichte für einen Zeitraum von 2 ms im wesentlichen gleich (Tabelle 2).

Weder die Photophysik und Photochemie von P_r noch die thermische Reaktivität der I_{700}-Produkte werden somit durch die proteolytische Abspaltung der 6, 10 und 60 kDa-Fragmente wesentlich beeinflußt, obwohl diese in der Proteindomäne des Phytochromobilins erfolgt und dessen Umgebung mindestens soweit modifiziert [77], daß die Reaktivität des P_r-Chromophors im elektronischen Grundzustand mit externen Reagenzien erhöht wird. Die Unempfindlichkeit der Reaktionsfolge $P_r \rightarrow I_{700}^1 + I_{700}^2 \rightarrow I_{bl}^i$ gegenüber dem partiellen Proteinabbau legt den Schluß nahe, daß die mit den beiden Reaktionsschritten verbundenen Prozesse

Abb. 14: Kovalente Anbindung von P_r (124 kDa) an die funktionalisierte Liposomen-Oberfläche (vgl. [79]).

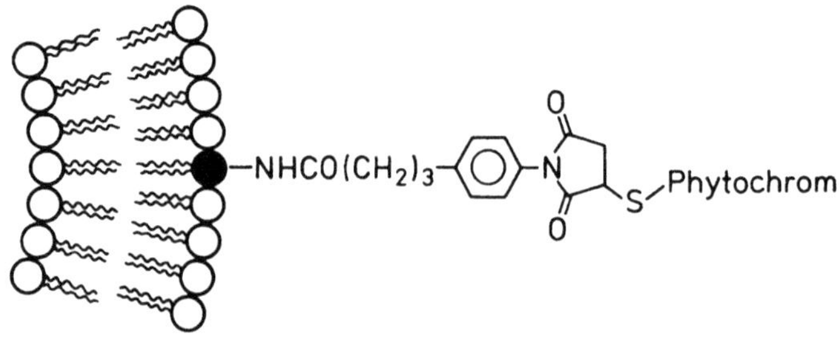

[1] Vgl. Fußnote 1 Seite 56.

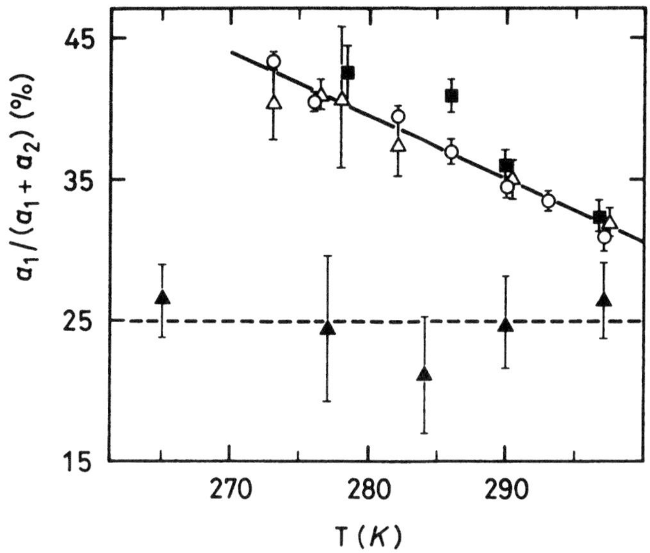

Abb. 15: Temperatur-Abhängigkeit der Amplituden a_1 und a_2 der I^1_{700}- und I^2_{700}-Absorptionszerfalls-Komponenten {vgl. Gleichung (2)}. –△–, –○–, –■– = freies und an zwei unterschiedliche Liposomen gebundenes P_r (124 kDa) in Ethylenglykol-freier Kaliumphosphat-Pufferlösung; –▲– = freies P_r (124 kDa) in Kaliumphosphat-Pufferlösung mit 25% Ethylenglykol-Zusatz. (Entspricht Abbildung 4 in [75].)

auf den Phytochromobilin-Teil und dessen unmittelbare Umgebung beschränkt bleiben (vgl. Abb. 9). Damit übereinstimmende Befunde ergaben sich auch mit P_r, das – im Zusammenhang mit Erwägungen, daß die physiologische Wirkung des Phytochroms durch Wechselwirkungen mit Membran-Bestandteilen eingeleitet wird (vgl. dazu [8 d, 8 g, 78, 79]) – kovalent an die Oberfläche unilamellarer Lipidvesikel (Liposomen) gebunden wurde (Abb. 14) [75, 80]. Ungeachtet der Membranstabilität (flüssig-kristalline vs. gelartige Phase) blieb die Photochromie im Liposom-gebundenen Phytochrom erhalten. Ebenso waren die relativen Anteile an I^1_{700} und I^2_{700} in solchen Systemen (Abb. 15), die Lebenszeit dieser Zwischenprodukte (Abb. 13) und die Aktivierungsparameter der Stufe $I^1_{700} \rightarrow I^1_{bl}$ in zwei verschiedenen Ethylenglykol-freien Pufferlösungen unverändert (Tabelle 2) (siehe dazu auch Abschnitt 5.4).

5.3 Die letzten Stufen der P_{fr}-Bildung

Für die Beobachtung der Bildung von P_{fr} wurde P_r in Ethylenglykol-freier Phosphatpuffer-Lösung Weißlicht-Blitzen von 7 ms Dauer unterworfen und die Ausbildung der 730 nm-Absorptionsbande von P_{fr} im Zeitraum von 10 ms bis mehrere

Sekunden nach jedem Blitz registriert [81]. Die so gemessene Zunahme ΔA_λ war 20 ms nach dem Blitz unabhängig von der Wellenlänge im P_{fr}-Absorptionsbereich von 720 bis 750 nm (vgl. dazu auch [67]) und erfolgte deutlich in zwei Phasen gemäß Zeitgesetz (3), das zwei Monoexponential-Zuwachsfunktionen und eine Konstante a_0 umfaßt. Die Analyse im kürzeren Zeitbereich (unterhalb von etwa 20 ms) wurde aber dadurch wesentlich erschwert, daß innerhalb von wenigen Millisekunden eine oder mehrere Vorstufen gebildet wurden, die bei 720 nm einen Absorptionskoeffizienten besitzen, der kleiner als jener von P_r und P_{fr} bei dieser Wellenlänge ist. Die im ungefähren Verhältnis von 1:1 auftretenden Komponenten weisen bei 275 K Lebenszeiten von ca. 0,5 bis 1 s bzw. 10 bis 25 ms auf. Die erstere ist ferner durch eine kleine Aktivierungsenergie gekennzeichnet. Die Meßdaten für die kürzerlebige Komponente sind für eine diesbezügliche Beurteilung zu ungenau.

$$\Delta A_\lambda = a_0 - a_1' \cdot \exp(-k_1 \cdot t) - a_2' \cdot \exp(-k_2 \cdot t) \qquad (3)$$

Der Wechsel von H_2O- auf D_2O-Puffer übt einen nur sehr kleinen Einfluß auf die P_{fr}-Bildung aus, was einen kinetischen H/D-Effekt ausschließt. Es ist z. Z. nicht zu entscheiden, ob der sichtbare Effekt sich auf die Bildung der beiden P_{fr}-Vorläufer auswirkt oder erst auf deren parallele Umwandlung in P_{fr}.

5.4 Der Einfluß der Proteinstabilisierung durch Ethylenglykol

Die Zugabe von 20–25% Ethylenglykol hat sich als Maßnahme zur Stabilisierung der nativen Proteinstruktur auch beim Phytochrom bewährt. Der Zusatz zeigte keine Einbuße an $P_r \leftrightarrows P_{fr}$-Photochromie, die aus den stationären Absorptionsspektren ersichtlich wäre. Damit blieb allerdings noch immer die Möglichkeit differenzierter Einwirkungen auf die Kinetik einzelner Reaktionsschritte offen. Zwar erwiesen sich auch die Lebenszeiten und Amplituden der P_r^{i*}-Komponenten [76] ebenso wie die kinetischen Parameter des Absorptionszerfalls von I_{700}^1 und I_{700}^2 [59] bei 272–297 K (Tabelle 2) wenig Ethylenglykol-empfindlich – im Einklang mit einer Begrenzung der Schrittfolge $P_r \rightarrow I_{700}^i \rightarrow I_{bl}^i$ auf den Phytochromobilin-Bereich ohne weitreichende Proteinkooperation (siehe Abschnitt 5.2). Aber das sich sonst mit der Temperatur verändernde Mengenverhältnis $I_{700}^1 : I_{700}^2$ wurde mit Ethylenglykol markant stabilisiert (Abb. 15). Der Zusatz wird somit schon auf dieser Stufe wirksam und greift u. a. offenbar in diejenige Proteindomäne ein, welche die Bildungsgeschwindigkeit der beiden Primärphotoprodukte mitbeeinflußt (bemerkenswerterweise ändert dies den photochemischen Gesamtabbau der P_r^*-Komponenten nicht) und damit deren Mengenverhältnis steuert. Die Weiterreaktion zu I_{bl}^i wird davon nicht meßbar berührt.

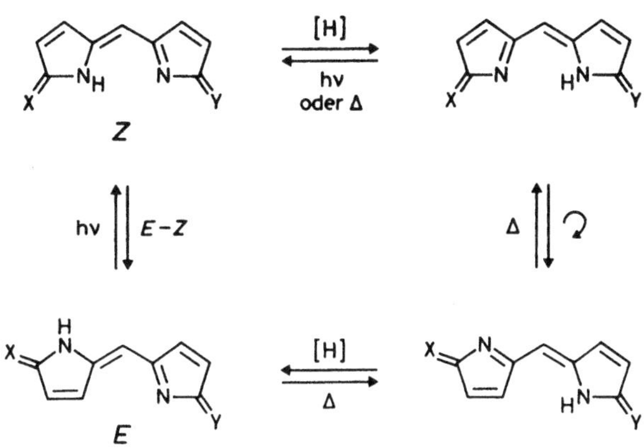

Abb. 16: Mögliche Mechanismen der Konfigurationsänderung der exocyclischen C=C-Doppelbindung: direkte $E \leftrightarrows Z$-Isomerisierung oder Kopplung von zwei Proton-Verschiebungen ([H]; formale 1,5-H-Verschiebungen) mit der Drehung um eine C—C-Einfachbindung (↻).

5.5 *Die chemische Natur der einzelnen Reaktionsschritte*

Angesichts der konstitutionellen Identität der P_r- und P_{fr}-Chromophore beschränken sich die möglichen photochemischen Primärprozesse auf eine Einschritt-$Z \rightarrow E$-Doppelbindungsisomerisierung und eine Protonverschiebung. Die letztere kann ihrerseits ebenfalls wieder in einer schrittweisen thermischen Reaktionsfolge zur $Z \rightarrow E$-Konfigurationsänderung führen. Abb. 16 illustriert die beiden Mechanismen der Doppelbindungsisomerisierung. Photochemische Protonverschiebungen dieser Art sind z. B. für die ultraschnelle strahlungslose Desaktivierung des angeregten Biliverdindimethylesters, einer Modellverbindung für den Phytochrom-Chromophor, verantwortlich gemacht worden [82, 83]. Falls der Pyrrolenin-Stickstoff protoniert ist (vgl. dazu Abb. 5), kommt als photochemische Primärreaktion nur eine direkte $Z \rightarrow E$-Isomerisierung in Frage.

Der Nachweis bzw. Ausschluß eines kinetischen Wasserstoff-Isotopeneffekts (H/D-Effekts) - und damit einer Protonverschiebung - im photochemischen Primärprozeß konnte nur mit zeitaufgelösten Fluoreszenzmessungen (SPT-Spektroskopie) in H_2O- und D_2O-haltigen Pufferlösungen erbracht werden. Dem Versuch einer Auswertung stationärer Fluoreszenzdaten [84], die nicht zwischen den Beiträgen der individuellen Fluoreszenzkomponenten unterscheiden, stand der Befund entgegen, daß etwa 30% der gesamten integrierten P_r-Emission den nur spärlich vertretenen Komponenten P_r^{2*} und P_r^{3*} zuzuschreiben sind als Folge ihrer relativ langen Lebenszeiten.

Tabelle 3: Fluoreszenz-Lebenszeiten, relative Amplituden und normalisierte Quantenausbeuten von 124 kDa-P_r-Phytochrom aus Hafer in H_2O- und D_2O-haltigen Pufferlösungen bei 275 K [46][#, 1]

	(A) Lebenszeiten (ps)	
	in PPEG-H_2O	in PPEG-D_2O
τ_1^*	40 ± 4	41 ± 4
τ_2^*	197 ± 10	210 ± 10
τ_3^*	1110 ± 60	1460 ± 60
	(B) Relative Amplituden (%)	
	in PPEG-H_2O	in PPEG-D_2O
R_1^*	93,0 ± 0,7	93 ± 0,7
R_2^*	6,2 ± 0,6	6,1 ± 0,4
R_3^*	0,8 ± 0,2	0,8 ± 0,2
	(C) Normalisierte relative $\{\Phi_j^N\}$ und totale Quantenausbeuten $\{\Phi_T^N\}$	
	in PPEG-H_2O	in PPEG-D_2O
Φ_1^N	0,65 ± 0,05	0,58 ± 0,05
Φ_2^N	0,20 ± 0,02	0,19 ± 0,02
Φ_3^N	0,15 ± 0,01	0,19 ± 0,01
Φ_T^N	1	0,96 ± 0,07

PPEG = Kaliumphosphat-Pufferlösung mit 25% v/v Ethylenglykol in H_2O bzw. Ethylenglykol-d_6 in D_2O.

1 Vgl. Fußnote 1 Seite 56.

Abb. 17: Differenzabsorption von I_{700}^{i} bei 696 nm unmittelbar nach der Laseranregung von P_r (124 kDa) als Funktion der Laserpuls-Energie: –●– in H_2O, –○– in D_2O. (Aus Abbildung 2 in [46].)

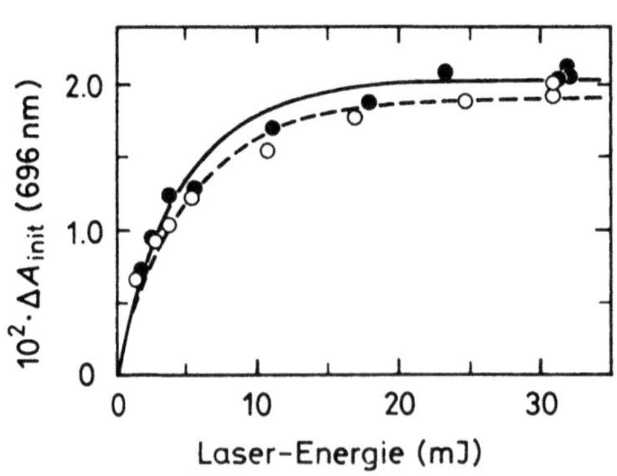

Photochromie sowie Lebenszeiten und relative Amplituden und Quantenausbeuten von P_r^{1*} und P_r^{2*}, die zusammen über 99% der Gesamtamplitude des Fluoreszenzzerfalls ausmachen, blieben sich in H_2O und D_2O bei 275 K (Tabelle 3) und 293 K gleich [46]. Lediglich die Lebenszeit der nicht photochromen längstlebigen Komponente P_r^{3*} wurde in D_2O noch erheblich verlängert. Die Transienten-Differenzabsorptionen in der Blitzphotolyse von P_r ließen, auf Nullzeit nach der Laseranregung extrapoliert, ebensowenig einen kinetischen H/D-Effekt auf die Effizienz der primären Photoreaktion erkennen (Abb. 17) [60]. Wenn man von der Möglichkeit sich zufällig kompensierender Faktoren absieht, ergibt sich als einleuchtendste Schlußfolgerung aus diesen Resultaten das Postulat, daß eine Protonübertragung weder an den photochemischen Primärreaktionen noch an anderen Desaktivierungskanälen von $P_r^{1,2*}$ geschwindigkeitsbestimmend beteiligt ist (Abb. 9). Dieselben Schlußfolgerungen haben sich auch aus analogen Tieftemperatur-Untersuchungen ergeben [71].

Die Interpretation der H_2O/D_2O-Einwirkung auf die Geschwindigkeitskonstanten der zweiten Reaktionsstufe, $I_{700}^i \rightarrow I_{bl}^i$, ist unsicherer. In Abb. 18 kaum erkennbar, reduziert der Wechsel von H_2O auf D_2O die Geschwindigkeitskonstanten um etwa 20% [60], d. h. um weniger als den Erwartungswert von mindestens 1,4 für k_H/k_D bei Raumtemperatur [85]. Eine Protonen-Übertragung ist damit nicht rigoros ausgeschlossen. Der gemessene Wert mag aber mindestens ebensogut auf einem H/D-Effekt beruhen, der Reaktionsschritte beeinflußt, deren Geschwindigkeitskonstanten nicht durch eine Protonübertragung bestimmt werden (Lösungsmittel-assistierter H/D-Effekt) (vgl. Abb. 9). Ähnliches dürfte auch

Abb. 18: Arrhenius-Diagramm für die Geschwindigkeitskonstanten der Umwandlung der $I_{700}^{1,2}$-Zwischenprodukte in I_{bl}^i in H_2O und D_2O-Pufferlösungen. (Aus Abbildung 1 in [60].)

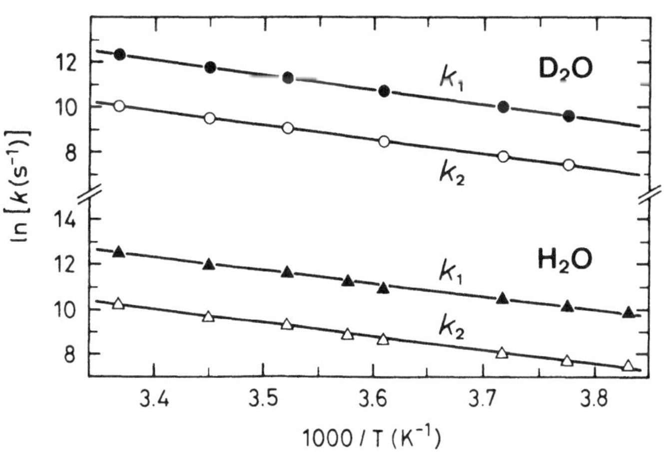

für den ebenfalls geringen H/D-Effekt auf das Mengenverhältnis der Vorläufer von P_{fr} zutreffen.

Ein primärer kinetischer H/D-Effekt – und damit das Vorliegen von Protontransfer-Prozessen – ließ sich auch für die beiden letzten parallelen Schritte der P_{fr}-Bildung ausschließen [81].

Die Arbeitshypothese in Abb. 9 geht nun, unter möglichst vereinfachender Berücksichtigung der geschilderten Befunde, davon aus, daß die $P_r \rightarrow P_{fr}$-Umwandlung keinen Protontransfer umfaßt. Auf der Stufe $I^i_{700} \rightarrow I^i_{bl}$ erfolgt eine verhältnismäßig rasche konformative Relaxation des Chromophors. Dies läßt für die „Grauzone" zwischen I^i_{bl} und P_{fr} Raum für relativ langsame Reorganisationsprozesse der Proteinstruktur. Diese Prozesse sind in bezug auf die Vorwärtsreaktion zu P_{fr} bemerkenswert ineffizient, lassen sie doch Raum für die Rückführung von 35–85% des photochemisch umgesetzten Materials in P_r. Bemerkenswert ist ferner auch, daß die Zugabe von Ethylenglykol auf die thermische Reorganisation des Chromophors keinen wesentlichen Einfluß hat (Abschnitt 5.4), obwohl diese Stufe Lösungsmittel-assistierte H/D-Effekte zeigt. Der Einfluß des Ethylenglykols scheint sich lokalisiert auf die Steuerung der beiden photochemischen Reaktionskanäle und möglicherweise auch auf die anschließende Proteinrelaxation zu beschränken.

6. *Zusammenfassung*

Die in den Abschnitten 4 und 5 besprochenen Ergebnisse bilden die Grundlage der Arbeitshypothese in Abb. 9 für den Mechanismus der $P_r \rightarrow P_{fr}$-Umwandlung. Sowohl einige grundlegende Aspekte als auch Einzelheiten des recht komplexen Reaktionsablaufs bedürfen aber noch weiterer experimenteller Untersuchungen. Fest stehen die Zusammensetzung des angeregten P_r aus den funktionellen Phytochrom-Komponenten P^{1*}_r und P^{2*}_r (und dem nicht photoreversiblen P^{3*}_r), die Umwandlung in gleichzeitig zwei Primärphotoprodukte, I^1_{700} und I^2_{700}, mit einer Quantenausbeute von $\geq 0{,}5$ und die Einstellung eines photochemischen Gleichgewichts, $P_r \leftrightarrows I^{1,2}_{700}$, sowie das Auftreten von zwei Vorläufern von P_{fr} mit Lebenszeiten im Millisekunden- bis Sekundenbereich. Ferner steht auch fest, daß die beiden parallelen photochemischen Schritte ($P^*_r \rightarrow I^{1,2}_{700}$) ebenso wie die anschließende erste Stufe thermischer Prozesse ($I^{1,2}_{700} \rightarrow I^i_{bl}$) auf Vorgänge im Phytochromobilin und dessen unmittelbaren Umgebung beschränkt bleiben; d.h. diese Reaktionen laufen ohne weitreichende Einbeziehung des Proteins ab – mit der Einschränkung, daß sich mit der Proteinstabilisierung mittels Ethylenglykol die relative Effizienz der Entstehung von einem der I_{700}-Zwischenprodukte oder von beiden ändert. Zudem ist erwiesen, daß weder auf der photochemischen Stufe noch im letzten Schritt der P_{fr}-Bildung ein geschwindigkeitsbestimmender Protontransfer erfolgt (und höchstwahrscheinlich eben so wenig in den Schritten $I^{i}_{700} \rightarrow I^{i}_{bl} \rightarrow P_{fr}$-Vorläufer).

Zu den noch offenstehenden grundlegenden Aspekten des Schemas in Abb. 9 gehören die Anzahl der Stufen zwischen I^{i}_{bl} und P_{fr}, eine definitive Festlegung der chemischen Natur aller Reaktionsschritte und die Abklärung der relativ langsamen, für die Quantenausbeuten-Differenz von $\geq 0{,}35$ zwischen $\Phi_{r \rightarrow 700}$ und $\Phi_{r \rightarrow fr}$ verantwortlichen Prozesse der thermischen Rückbildung von P_r aus den Zwischenprodukten. Es fehlt auch noch eine unabhängige *in vitro*-Bestimmung der Anzahl (möglicherweise drei I_{bl}s: [64, 65, 67]) und Natur der I_{bl}-Zwischenprodukte. Schließlich steht eine Korrelation von P^{1}_{r}- und P^{2}_{r}-Komponenten (und gegebenenfalls P^{1}_{fr} und P^{2}_{fr}) mit den individuellen Zwischenprodukten ($I^{1,2}_{700}$, I^{i}_{bl} etc.) aus.

Literatur

[1] Übersichtswerke: (a) W. Shropshire, Jr., H. Mohr (Hrsg.): Photomorphogenesis. *Encyclopedia of Plant Physiology, New Series,* vol. 16A/B, Springer, Berlin/Heidelberg, New York 1983. (b) H. Smith, M. G. Holmes (Hrsg.): *Techniques in Photomorphogenesis.* Academic Press, New York 1984, S. 308. (c) G. Blauer, H. Sund (Hrsg.), *Optical Properties and Structure of Tetrapyrroles.* W. de Gruyter, Berlin 1985. (d) R. E. Kendrick, G. H. M. Kronenberg (Hrsg.), *Photomorphogenesis in Plants.* Martinus Nijhoff Publ., Dordrecht 1986.

[2] S. E. Braslavsky: The Photophysics and Photochemistry of the Plant Photoreceptor Pigment Phytochrome. *Pure Appl. Chem. 56,* 1153 (1984).

[3] P. H. Quail: Phyotochrome: a Regulatory Photoreceptor that controls the Expression of its Own Gene. *Tr. Biochem. Sci. 9,* 450 (1984).

[4] H. P. Hershey, R. F. Barker, J. T. Colbert, J. L. Lissemore, P. H. Quail: Phytochrome: Molecular Properties, Feedback Regulation of mRNA Levels and Genomic Clone Isolation. In: L. van Vloten-Doting (Hrsg.), *Molecular Form and Function of the Plant Genome.* Plenum Press, 1985, S. 101.

[5] W. Rüdiger, P. Eilfeld, F. Thümmler: Phytochrome, the Visual Pigment of Plants: Chromophore Structure and Chemistry of Photoconversion. In: [1c], S. 349.

[6] P. S. Song: The Molecular Model of Phytochrome Deduced from Optical Probes. In: [1c], S. 331.

[7] J. C. Lagarias: Progress in the Molecular Analysis of Phytochrome. *Photochem. Photobiol. 42,* 811 (1985).

[8] Beiträge von (a) L. O. Björn: Introduction. S. 3. (b) W. Rüdiger: Phytochrome; the Chromophore. S. 17. (c) R. D. Vierstra, P. H. Quail: Phytochrome; the Protein. S. 35. (d) L. H. Pratt: Phytochrome; Localization within the Plant. S. 61. (e) E. Schäfer, K. Apel, A. Batschauer, E. Mösinger: Phytochrome; the Molecular Biology of Action. S. 83. (f) G. H. M. Kronenberg, R. E. Kendrick: Phytochrom; the Physiology of Action. S. 99. (g) S. J. Roux: Phytochrome and Membranes. S. 115. In: [1d].

[9] H. Smith: The light environment. The Perception of Light Quality. In: [1d] S. 187.

[10] L. H. Flint, E. D. McAlister: Wavelengths of Radiation in the Visible Spectrum Inhibiting the Germination of Light-Sensitive Lettuce Seed. *Smithsonian Misc. Collect. 94,* 1 (1935).

[11] L. H. Flint, E. D. McAlister: Wavelengths of Radiation in the Visible Spectrum Promoting the Germination of Light-Sensitive Lettuce Seed. *Smithsonian Misc. Collect. 96,* 1 (1937).

[12] H. A. Borthwick, S. B. Hendricks, M. W. Parker, E. H. Toole, V. K. Toole: A Reversible Photoreaction Controlling Seed Germination. *Proc. Natl. Acad. Sci. USA 38,* 662 (1952).

[13] W. Shropshire, Jr., W. H. Klein, V. B. Elstad: Action Spectra of Photomorphogenic Induction and Photoinactivation of Germination in *Arabidopsis thaliana. Plant Cell Physiol. 2,* 63 (1961).

[14] R. B. Withrow, W. H. Klein, V. B. Elstad: Action Spectra of Photomorphogenic Induction and its Inactivation. *Plant Physiol. 32,* 453 (1957).

[15] M. W. Parker, S. B. Hendricks, H. A. Borthwick, N. J. Scully: Action Spectra for the Photoperiodic Control of Floral Initiation of a Short Day Plant. *Bot. Gaz. 108,* 1 (1946).

[16] H. A. Borthwick, S. B. Hendricks, M. W. Parker: Action Spectrum for the Photoperiodic Control of Floral Initiation of a Long Day Plant, Winter Barley *(Hordeum vulgare). Bot. Gaz. 110,* 103 (1948).

[17] W. L. Butler, K. H. Norris, H. W. Siegelman, S. B. Hendricks: Detection, Assay and Preliminary Purification of the Pigment Controlling Photoresponsive Development of Plant. *Proc. Natl. Acad. Sci. USA 45,* 1703 (1959).

[18] W. L. Butler: Remembrances of Phytochrome Twenty Years Ago. In: J. de Greef (Hrsg.), Photoreceptors and Plant Development. *Proc. Ann. Eur. Photomorphogenesis Symp.* Antwerpen University Press 1980, S. 3.

[19] A. M. Jones, R. D. Vierstra, S. M. Daniels, P. H. Quail: The Role of Separate Molecular Domains in the Structure of Phytochrome from *Avena sativa. Planta 164,* 501 (1985).

[20] F. E. Mumford, E. L. Jenner: Purification and Characterization of Phytochrome from Oat Seedlings. *Biochemistry 5,* 3657 (1966).

[21] G. Gardner, C. Pike, H. V. Rice, W. R. Briggs: ‚Disaggregation' of Phytochrome *in vitro* – a Consequence of Proteolysis. *Plant Physiol. 48,* 686 (1971).

[22] L. H. Pratt: Phytochrome: The Protein Moiety. *Ann. Rev. Plant Physiol. 33,* 557 (1982).

[23] R. D. Vierstra, M.-M. Cordonnier, L. H. Pratt, P. H. Quail: Native Phytochrome: Immunoblot Analysis of Relative Molecular Mass and *in vitro* Proteolytic Degradation for Several Plant Species. *Planta 160,* 521 (1984).

[24] R. D. Vierstra, P. H. Quail: Native Phytochrome: Inhibition of Proteolysis Yields a Homogeneous Monomer of 124 Kilodaltons from *Avena. Proc. Natl. Acad. Sci. USA 79,* 5272 (1982).

[25] H. P. Hershey, R. F. Barker, K. B. Idler, J. L. Lissemore, P. H. Quail: Analysis of Cloned cDNA and Genomic Sequences for Phytochrome: Complete Amino Acid Sequence for Two Gene Products Expressed in Etiolated *Avena. Nuc. Acids Res. 13,* 8543 (1985).

[26] R. D. Vierstra, P. H. Quail: Purification and Initial Characterization of 124-Kilodalton Phytochrome from *Avena. Biochemistry 22,* 2498 (1983).

[27] J. C. Lagarias, J. M. Kelly, K. L. Cyr, W. O. Smith, Jr.: Comparative Photochemical Analysis of Highly Purified 124 Kilodalton Oat and Rye Phytochromes *in vitro. Photochem. Photobiol. 46,* 5 (1987).

[28] W. Rüdiger, T. Brandlmeier, I. Blos, A. Gossauer, J. P. Weller: Isolation of the Phytochrome Chromophore. The Cleavage Reaction with Hydrogen Bromide. *Z. Naturforsch. 35c,* 763 (1980).

[29] J. P. Weller, A. Gossauer: Synthese und Photoisomerisierung des racem. Phytochromobilin-Dimethylesters. *Chem. Ber. 113,* 1603 (1980).

[30] J. C. Lagarias, H. Rapaport: Chromopeptides from Phytochrome. The Structure and Linkage of the P_r Form of the Phytochrome Chromophore. *J. Am. Chem. Soc. 102,* 4821 (1980).

[31] W. Rüdiger, F. Thümmler, E. Cmiel, S. Schneider: Chromophore Structure of the Physiologically Active Form (P_{fr}) of Phytochrome. *Proc. Natl. Acad. Sci. USA 80,* 6244 (1983).

[32] F. Thümmler, W. Rüdiger, E. Cmiel, S. Schneider: Chromopeptides from Phytochrome and Phycocyanin. NMR Studies of the P_{fr} and P_r Chromophores of Phytochrome and E, Z Isomeric Chromophores of Phycocyanin. *Z. Naturforsch. 36c,* 359 (1983).

[33] S. E. Braslavsky, A. R. Holzwarth, K. Schaffner: Konformationsanalyse, Photophysik und Photochemie der Gallenpigmente; Bilirubin- und Biliverdin-Dimethylester und verwandte lineare Tetrapyrrole. *Angew. Chem. 95,* 670 (1983).

[34] H. Scheer: Biliproteine. *Angew. Chem. 93,* 230 (1981).

[35] W. Rüdiger: Phytochrome: the Chromophore and Photoconversion. *Photobiochem. Photobiophys. Suppl.,* 217 (1987).

[36a] T. Schirmer, W. Bode, R. Huber: Refined Three-Dimensional Structures of Two Cyanobacterial C-Phycocyanins at 2.1 and 2.5 Å Resolution. *J. Mol. Biol. 196,* 677 (1987).

[36b] S. P. A. Fodor, J. C. Lagarias, R. A. Mathies: Resonance Raman Spectra of the P_r-Form of Phytochrome. *Photochem. Photobiol. 48,* 129 (1988).

[37] T. Sugimoto, E. Ito, H. Suzuki: Interpretation of the „Dichroic Orientation" of Phytochrome. *Photochem. Photobiol. 46,* 517 (1987).

[38] M.-M. Cordonnier: Recent Advances in the Study of the Protein Moiety of Phytochrome. *Photobiochem. Photobiophys. Suppl.,* 229 (1987).

[39] J. Wendler: *Untersuchung photochemischer und photophysikalischer Primärprozesse von Gallenfarbstoffen. Pikosekundenspektroskopie an Biliproteinen und Modellchromophoren.* Promotionsarbeit MPI für Strahlenchemie/Universität Dortmund, 1984.

[40] A.R. Holzwarth, J. Wendler, W. Haenel: Time-Resolved Picosecond Fluorescence Spectra of the Antenna Chlorophylls in *Chlorella vulgaris*. Resolution of PS I Fluorescence. *Biochim. Biophys. Acta 807,* 155 (1985).

[41] G.W. Suter, A.R. Holzwarth, P. Klein-Bölting, E. Bittersmann, W. Stempfle: On the Simultaneous Analysis of Time-Resolved Spectra: Statistical Error of Decay Times and Amplitudes. *Chem. Phys.* Im Druck (1989).

[42] K. Heihoff, S.E. Braslavsky: Triplet Lifetime Determination by Laser-Induced Optoacoustic Spectroscopy. Benzophenone Revisited. *Chem. Phys. Lett. 131,* 183 (1986).

[43] K. Schaffner, S.E. Braslavsky, A.R. Holzwarth: Recent Advances in the Photophysics and Photochemistry of Small, Large, and Native Oat Phytochromes. In: [1c], S. 367.

[44] B.P. Ruzsicska, A.R. Holzwarth, J. Wendler, S.E. Braslavsky, K. Schaffner: Photophysics and Photochemistry of Degraded and Native Phytochrome. In: R.V. Bensasson, G. Jori, E.J. Land, T.G. Truscott (Hrsg.), *Primary Photoprocesses in Biology and Medicine.* NATO ASI Series, Series A, Life Sciences Bd. *85,* Plenum Press, New York 1985, S. 89.

[45a] A.R. Holzwarth, J. Wendler, B.P. Ruzsicska, S.E. Braslavsky, K. Schaffner: Picosecond Time-Resolved and Stationary Fluorescence of Oat Phytochrome Highly Enriched in the Native 124 kDa Protein. *Biochim. Biophys. Acta 791,* 265 (1984).

[45b] C.G. Colombano, S.E. Braslavsky, A.R. Holzwarth, K. Schaffner: Fluorescence Yields of 124-kDa P_r Phytochrome from Oat Upon Excitation within Different Absorption Bands. *Photochem. Photobiol.,* im Druck (1989).

[46] H. Brock, B.P. Ruzsicska, T. Arai, W. Schlamann, A.R. Holzwarth, S.E. Braslavsky, K. Schaffner: Fluorescence Lifetimes and Relative Quantum Yields of 124-Kilodalton Oat Phytochrome in H_2O and D_2O Solutions. *Biochemistry 26,* 1412 (1987).

[47] P.-S. Song, Q. Chae, D.A. Lightner, W.R. Briggs, D. Hopkins: Fluorescence Characteristics of Phytochrome and Biliverdins. *J. Am. Chem. Soc. 95,* 7892 (1973).

[48] J. Wendler, A.R. Holzwarth, S.E. Braslavsky, K. Schaffner: Wavelength-Resolved Fluorescence Decay and Fluorescence Quantum Yield of Large Phytochrome from Oat Shoots. *Biochim. Biophys. Acta 786,* 213 (1984).

[49] K. Heihoff, S.E. Braslavsky, K. Schaffner: Study of 124-Kilodalton Oat Phytochrome Photoconversions in Vitro with Laser-Induced Optoacoustic Spectroscopy. *Biochemistry 26,* 1422 (1987).

[50] M. Jabben, K. Heihoff, S.E. Braslavsky, K. Schaffner: Studies on Phytochrome Photoconversions *in Vitro* with Laser-Induced Optoacoustic Spectroscopy. *Photochem. Photobiol. 40,* 361 (1984).

[51] R.D. Vierstra, P.H. Quail: Photochemistry of 124-Kilodalton Phytochrome *in vitro. Plant Physiol. 72,* 264 (1983).

[52] L.H. Pratt: Photochemistry of High Molecular Weight Phytochrome *in vitro. Photochem. Photobiol. 22,* 33 (1975).

[53] A.R. Holzwarth, S.E. Braslavsky, S. Culshaw, K. Schaffner: The Blue Anomalous Emission of Large and Small Phytochrome. *Photochem. Photobiol. 36,* 581 (1982).

[54] G. Hermann, B. Kirchhof, K.J. Appenroth, E. Müller: Fluorescence Emission and Fluorescence Excitation Spectra of Large Phytochrome Measured in Dependence on the Excitation and the Emission Wavelength. *Biochem. Physiol. Pflanz. 178,* 177 (1983).

[55] P. Eilfeld, W. Rüdiger: Absorption Spectra of Phytochrome Intermediates. *Z. Naturforsch. 40c,* 109 (1985).

[56] H. Linschitz, V. Kasche, W.L. Butler, H.W. Siegelman: The Kinetics of Phytochrome Conversion. *J. Biol. Chem. 241,* 3395 (1966).

[57] L.H. Pratt, W.L. Butler: The Temperature Dependence of Phytochrome Transformations. *Photochem. Photobiol. 11,* 361 (1970).

[58] S. E. Braslavsky, J. I. Matthews, H. J. Herbert, J. de Kok, C. J. P. Spruit, K. Schaffner: Characterization of a Microsecond Intermediate in the Laser Flash Photolysis of Small Phytochrome from Oat. *Photochem. Photobiol. 31,* 417 (1980).
[59] B. P. Ruzsicska, S. E. Braslavsky, K. Schaffner: The Kinetics of the Early Stages of the Phytochrome Phototransformations $P_r \rightarrow P_{fr}$. A Comparative Study of Small (60 kDalton) and Native (124 kDalton) Phytochromes from Oat. *Photochem. Photobiol. 41,* 681 (1985).
[60] P. F. Aramendia, B. P. Ruzicska, S. E. Braslavsky, K. Schaffner: Laser Flash Photolysis of 124-Kilodalton Oat Phytochrome in H_2O and D_2O Solutions: Formation and Decay of the I_{700} Intermediates. *Biochemistry 26,* 1418 (1987).
[61] M. Jabben, S. E. Braslavsky, K. Schaffner: Laser-Induced Optoacoustic Spectroscopy (OAS) of Phytochrome *in-vitro. J. Phys., Colloq. 44* C6, 389 (1983).
[62] C. J. P. Spruit, R. E. Kendrick, R. J. Cooke: Phytochrome Intermediates I. Freeze-Dried Tissue. *Planta 127,* 121 (1975).
[63] H. Linschitz, V. Kasche: Kinetics of Phytochrome Conversion: Multiple Pathways in the P_r to P_{fr} Reaction, as Studied by Double-Flash Technique. *Proc. Natl. Acad. Sci USA 58,* 1059 (1967).
[64] Y. Shimazaki, Y. Inoue, K. T. Yamamoto, M. Furuya: Phototransformation of the Red-Light-Absorbing Form of Undegraded Pea Phytochrome by Laser Flash Excitation. *Plant Cell Physiol. 21,* 1619 (1980).
[65] M.-M. Cordonnier, P. Mathis, L. H. Pratt: Phototransformation Kinetics of Undegraded Oat and Pea Phytochrome Initiated by Laser Flash Excitation of the Red-Absorbing Form. *Photochem. Photobiol. 34,* 733 (1981).
[66] Y. Inoue, K. Konomi, M. Furuya: Phototransformation of the Far-Red Light-Absorbing Form of Large Pea Phytochrome by Laser Flash Excitation. *Plant Cell Physiol. 23,* 731 (1982).
[67] L. H. Pratt, Y. Shimazaki, Y. Inoue, M. Furuya: Analysis of Phototransformation Intermediates in the Pathway from the Red-Absorbing to the Far-Red-Absorbing Form of *Avena* Phytochrome by a Multichannel Transient Spectrum Analyzer. *Photochem. Photobiol. 36,* 471 (1982).
[68] M. Furuya: Molecular Properties of Phytochrome. *Phil. Trans. R. Soc. Lond. B303,* 361 (1983).
[69] L. H. Pratt, Y. Inoue, M. Furuya: Photoactivation of Transient Intermediates in the Pathway from the Red-Absorbing to the Far-Red-Absorbing Form of *Avena* Phytochrome as Observed by a Double-Flash Transient-Spectrum Analyzer. *Photochem. Photobiol. 39,* 241 (1984).
[70] Y. Inoue, M. Furuya: Phototransformation of the Red-Light-Absorbing Form to the Far-Red Light-Absorbing Form of Phytochrome in Pea Epicotyl Tissue Measured by a Multichannel Transient Spectrum Analyzer. *Plant Cell Physiol. 26,* 813 (1985).
[71] P. Eilfeld, P. Eilfeld, W. Rüdiger: On the Primary Photoprocess of 124-kDalton Phytochrome. *Photochem. Photobiol. 44,* 761 (1986).
[72] R. Scheuerlein, S. E. Braslavsky: Induction of Seed Germination in *Lactuca sativa* L. by Nanosecond Dye Laser Pulses. *Photochem. Photobiol. 42,* 173 (1985).
[73] R. Scheuerlein, S. E. Braslavsky: Induction of Chloroplast Movement in the Alga *Mougeotia* by Polarized Nanosecond Dye Laser Pulses. *Photochem. Photobiol. 46,* 525 (1987).
[74] S. Malkin, D. Cahen: Photoacoustic Spectroscopy and Radiant Energy Conversion: Theory of the Effect with Special Emphasis on Photosynthesis. *Photochem. Photobiol. 29,* 803 (1979).
[75] M. Krieg, P. F. Aramendia, S. E. Braslavsky, K. Schaffner: 124-kDa Phytochrome in Model Membrane Systems: Studies of the I^i_{700} Intermediates with the Protein Covalently Bound to Preformed Liposomes. *Photochem. Photobiol. 47,* 305 (1988).
[76] C. G. Colombano, S. E. Braslavsky, A. R. Holzwarth, K. Schaffner: Unveröffentlichte Resultate.
[77] T.-R. Hahn, P.-S. Song, P. H. Quail, R. D. Vierstra: Tetranitromethane Oxidation of Phytochrome Chromophore as a Function of Spectral Form and Molecular Weight. *Plant Physiol. 74,* 755 (1984).
[78] D. W. McCurdy, L. H. Pratt: Immunogold Electron Microscopy of Phytochrome in *Avena:* Identification of Intracellular Sites Responsible for Phytochrome Sequestering and Enhanced Pelletability. *J. Cell Biol. 103,* 2541 (1986).
[79] B. S. Serlin, S. J. Roux: Light-Induced Import of the Chromoprotein, Phytochrome, into Mitochondria. *Biochim. Biophys. Acta 848,* 372 (1986).

[80] M. Krieg, S. E. Braslavsky, K. Schaffner: 124-kDa Phytochrome in Model Membrane Systems: Association Studies and Covalent Binding to Preformed Liposomes. *Photochem. Photobiol. 47*, 311 (1988).
[81] G. Valduga, C. Bonazzola, O. Wolff, S. E. Braslavsky, K. Schaffner: Unveröffentlichte Resultate.
[82] A. R. Holzwarth, J. Wendler, K. Schaffner, V. Sundström, Å. Sandström, T. Gillbro: Picosecond Kinetics of Excited State Relaxation in a Tetrapyrrole Pigment. In: T. Doust, M. A. West (Hrsg.), *Picosecond Chemistry and Biology*. Science Reviews, Northwood 1983, S. 82.
[83] A. R. Holzwarth, J. Wendler, K. Schaffner, V. Sundström, Å. Sandström. T. Gillbro: Phytochrome Models, Part VIII. Picosecond Kinetics of Excited State Relaxation in Biliverdin Dimethyl Ester. *Israel J. Chem. 23*, 223 (1983).
[84] D.-K. Moon, G.-S. Jeen, P.-S. Song: The Effect of Deuterium Oxide on the Fluorescence and Phototransformation of 124 kDalton Phytochrome. *Photochem. Photobiol. 42*, 633 (1985).
[85] H. Kwart: Temperature Dependence of the Primary Kinetic Hydrogen Isotope Effect as a Mechanistic Criterion. *Acc. Chem. Res. 15*, 401 (1982).

Diskussion

Herr Stoffel: Ich sehe da eine große Analogie zu der Isomerisationsreaktion, die im tierischen Auge am Rhodopsin stattfindet, wo offenbar ein Singlettzustand in einem Polyisopren fixiert ist. Ist ein ähnlicher Singlettzustand auch zwischen den Pyrrolringen einer 15er-Doppelbindung fixiert, oder ist er in einem der Tetrapyrrolringe verteilt?

Herr Schaffner: Er ist sicher verteilt. In grober Annäherung darf man sagen, daß in beiden Fällen, auch beim Retinal, die Anregungsenergie über die ganze Polyenkette – wenn ich Sie richtig verstehe, ist das Ihre Frage – delokalisiert ist. Beim Phytochrom sind die Doppelbindungen der Ringe des Tetrapyrrol-Chromophors Teil des Polyensystems. Aber das ist eine vereinfachte Betrachtungsweise. Es gibt natürlich in solchen Polyen-Molekülen im angeregten Zustand prinzipiell immer reaktive Stellen, die nicht mit jenen des Grundzustands deckungsgleich sind. Das gilt auch für die Doppelbindung des Retials, die cis-trans isomerisiert. Phytochromobilin verhält sich analog, auch wenn Tetrapyrrole etwas komplizierter gebaut sind als Polyene. Sie haben Stickstoffe mit ungepaarten Elektronen, leicht beweglichen Protonen und zum Teil auch Kreuzkonjugation in den Pyrrolringen. Wir haben jahrelang mit Modellverbindungen gearbeitet, weil wir uns davon weitreichende Aufschlüsse auch im Hinblick auf Phytochrom versprachen. In den Modellchromophoren haben wir detailliert zeigen können, daß im allgemeinen bevorzugt eine photochemische Reaktion an der C(10)-zentralen Doppelbindung, eine cis-trans-Isomerisierung, erfolgt. Wir wissen nicht, ob das im Phytochrom auch passiert, aber wir wissen, daß die laterale C(15)-Doppelbindung mit Sicherheit isomerisiert wird, während dies in den Modellchromophoren in inerten Lösungsmitteln nicht stattfindet. Es ist uns wie im berühmten Witz über den „Profumo approach" ergangen: Wenn man mit Modellen spielt, mag das viel Vergnügen bereiten, aber es kann schlechte Folgen haben. So haben wir viele Resultate gesammelt, die uns am Schluß hinsichtlich des Phytochroms direkt nur wenig gebracht haben. Die ersten Stufen des Reaktionsgeschehens, die sich im wesentlichen auf den Chromophor beschränken, sind natürlich nicht losgelöst von der Proteinumgebung. Es ist tatsächlich so, daß die elektronische Struktur des Phytochromobilin-Chromophors im Protein eine sichtbar andere ist, als wenn sie isoliert in Lösung vorliegen würde. Ich erinnere an Faktoren wie point charges im Protein, die zweifellos hier eine Rolle spielen, indem sie die Elektronenstruktur und dadurch auch die Reaktivität im angeregten Zustand stark beeinflussen.

Herr Jaenicke: Ich weiß nicht, ob ich den Rhodopsineffekt richtig verstehe. Bei Ihnen ist doch die kurzfristige Reaktion die Isomerisierungsreaktion. Das ist die schnelle Reaktion. Und dann gibt es eine Protonenverschiebung. Beim Rhodopsin hat man die Ladung am Aldimin der Schiff'schen Base. Sie könnten doch etwas Ähnliches haben und genügend Stellen, an denen ein solches Molekül angelagert werden kann. Ich kann mir sehr schwer vorstellen, daß ein Ring beim cis- und trans-Übergang hin und her rutscht während einer so kurzen Zeit. Aber vielleicht habe ich eine falsche Vorstellung der Raum- und Zeitdimensionen. Könnte es nicht so sein, daß die Ringe stehenbleiben und die dazwischengelegte Brücke eine Verschiebung macht? Daß sie beim cis- nach trans-Übergang etwa von einem U nach einem W oder etwas Ähnlichem umklappt?

Herr Schaffner: Ich wollte das an den Modellen, die ich zeigte, eigentlich illustrieren. Eine cis-trans-Isomerisierung kann auch auf einem Umweg herbeigeführt werden (vgl. dazu Abb. 16). Sie kommen aber nicht darum herum, den Ring zu drehen. Die Singlett-Lebenszeiten von etwa 44 und 190 ps sind mit den Reaktionszeiten für, wie von uns vorgeschlagen, die cis-trans-Isomerisierung gleichbedeutend. Zum Vergleich möge Stilben dienen, das in ca. 20 ps (cis → trans) und ca. 60 ps (trans → cis) photoisomerisiert.

Herr Jaenicke: Muß der Ring ganz umgedreht werden? Ich kenne das Modell nicht; ich weiß nicht, wie es aussieht.

Herr Schaffner: Eine 180°-Drehung ist nicht unbedingt erforderlich. Ich verweise auf die in meinem Text erwähnte starke Verdrillung an C(15) gewisser Phycocyanobiline in Antennenpigmenten. Der Ausschlag aus der Ebene ist beträchtlich und wird zweifellos durch das Protein „festgehalten"; er ist aber immer noch klar einer Konfiguration zuzuordnen.

Herr Jaenicke: Ja, das war meine Frage. Es könnte also praktisch liegenbleiben, und es dreht sich nur ein bißchen.

Herr Schaffner: Das ist durchaus möglich. Denken Sie daran, daß wir ja auch in unserem Schema noch eine räumliche Änderung brauchen, die sehr viel langsamer stattfindet, im Mikrosekundenmaßstab. Vielleicht ist das eine Nachadaption gerade in diesem Bereich. Beachten Sie aber, daß die Drehung immerhin um mehr als 90° zu erfolgen hat, d. h. die Raumerfordernisse sind jedenfalls beachtlich.

Herr Wilke: Welcher Prozeß in diesem Schema bewirkt nun, daß die Erbse tatsächlich zu keimen beginnt? Was ist darüber bekannt, wie sich letzten Endes diese Effekte auf die Erbse auswirken?

Herr Schaffner: Man weiß es nicht, stellt sich aber verschiedene mögliche Antworten vor. Tatsache ist, daß wir recht langlebige Zwischenprodukte haben (eines davon mit einer Lebensdauer von etwa einer Sekunde), die durchaus physiologische Signale auslösen können. Es gibt jedoch keine schlüssigen Hinweise darauf, und es kann durchaus sein, daß erst das Endstadium P_{fr} der Signalgeber ist.

Der Hintergrund der Frage ist sehr komplex. Sie können sich erinnern, daß es eine große Anzahl von Phytochrom-initiierten physiologischen Signalen gibt. Es kann nicht immer das gleiche Signal sein, das einmal den Blattabstand bestimmt, dann die Blüte auslöst usw. Es gibt zudem auch viele Randbedingungen mit verschiedenen Effekten: eine high-radiance, eine low-radiance und eine very-low-radiance response. Man hat noch keine fundierten Erklärungen dafür. Es müssen recht komplexe Mechanismen zwischen P_{fr} und einer, sagen wir, letzten Signalgebung für jeden bestimmten Prozeß da sein.

Herr Wilke: Kann man mit extern hergestelltem P_{fr} die Erbse dazu bringen, daß sie keimt?

Herr Schaffner: Dieser Versuch ist so nicht gemacht worden, doch ist ein erst kürzlich veröffentlichtes Experiment von Lagarias in diesem Zusammenhang erwähnenswert: ein Herbizid der CIBA-GEIGY blockiert den Einbau des Phytochromobilins in das Phytochrom-Protein, welches ungestört synthetisiert wird. Wenn Keimlinge in Gegenwart dieses Herbizids im Dunkeln herangezogen werden, kann extern zugegebener Chromophor eingebaut und damit funktionsfähiges Phytochrom ausgebildet werden. Dieser Versuch ist bisher nur *in vivo* gemacht worden, und das so synthetisierte Phytochrom konnte bisher noch nicht isoliert werden. Der Nachweis, daß funktionsfähiges Phytochrom entstanden war, wurde aufgrund des nachträglichen normalen Verhaltens der Pflanze unter Lichteinwirkung erbracht. In diesem Zusammenhang ist erwähnenswert, daß die Ausbeute an Phytochrom aus grünen Pflanzen 50–100 mal geringer ist und sich auch das Verfahren der Isolierung schwieriger gestaltet. Man hat erst jetzt Anhaltspunkte dafür, daß das sogenannte grüne Phytochrom sich von jenem aus etiolierten, also chlorophyllfreien Pflanzen, z. B. hinsichtlich der Aminosäuresequenz, etwas unterscheidet. Alle relevanten physikalisch-chemischen ebenso wie die meisten physiologischen Experimente mit Phytochrom sind bisher mit Phytochrom aus etiolierten Pflanzen durchgeführt worden. Ein umfassender Überblick über Unterschiede bzw. Übereinstimmung zwischen den Phytochrompräparaten aus etiolierten und grünen Pflanzen wird noch viel Arbeit erfordern.

Herr Schenck: Ich darf vielleicht zu dieser Frage noch eine Bemerkung machen für diejenigen, die keine Biologen sind: Die größte Bedeutung des Phytochroms ist natürlich, daß man es in der Züchtungsforschung richtig zu steuern gelernt hat, so daß also beispielsweise der Welthunger ganz weitgehend durch die Arbeit des Nobelpreisträgers Barlough überwunden werden kann, indem man gelernt hat, Reis, Mais und auch Weizen an Stellen anzubauen, wo das bis dahin nicht möglich war. Das zeigt aber auch die enorme Bedeutung, die die Phytochromforschung wirklich für die Welternährungsprobleme hat, und insofern ist es wirklich besonders wichtig, daß diese Arbeiten in Mülheim gemacht werden. Das nur als kleine Bemerkung dazu.

Ich habe aber noch eine Frage, Herr Schaffner. Sie haben doch blitzphotolytisch zwei fast gleiche oder nur in der Lebensdauer unterschiedliche Intermediäre festgestellt, die dann wieder zum gleichen Endprodukt führen. Was ist denn die Versuchsanordnung? Könnte es nicht sein, daß beispielsweise die beiden Isomeren – ich nenne sie jetzt einmal so; verzeihen Sie mir den Ausdruck – aus unterschiedlich angeordneten gleichen Komponenten, die im Raum noch unterschiedlich angeordnet sind, entstehen? Es könnte ja sein, daß das Licht unterschiedlich polarisiert ist, obwohl Sie mit Laserlicht arbeiten. Je nachdem, wie die optische Anordnung ist, kommen ja Strahlungen, wie ich einmal sagen möchte, möglicherweise in zwei verschiedenen Ebenen an. Genau dasselbe haben Sie natürlich, wenn Sie Weißlicht verwenden. Dann haben Sie sowieso alle Ebenen des polarisierten Lichts.

Man müßte also doch einmal die Frage stellen: Wie ist es denn hier, wenn Sie die Möglichkeit polarisierten Lichts und noch solche Effekte mit in die Experimente einbeziehen? Oder haben Sie das bereits getan?

Herr Schaffner: Nein, wir nicht. Es sind lediglich schon zirkulardichroitische Messungen durchgeführt worden. Eine Einigung über die Interpretation der Resultate ist aber noch nicht erzielt worden.

Das große Thema in den Diskussionen der Fachkreise war in diesem Jahr: Ist Phytochrom wirklich einheitlich? Oder gibt es verschiedene Pools? Wir konnten zwar erstmals zeigen, daß es drei Komponenten gibt, davon vor allem zwei, die sich „wie Phytochrom" verhalten. Es gibt aber komplexe, mehr biologische Indikationen, daß Phytochrom vielleicht noch heterogener ist, als unsere Fluoreszenzmessungen zeigen. Das ist ein sehr aktuelles, aber im Moment konkret noch kaum diskutierbares Thema. Die Zusammensetzung der Proteinproben aus definiertem

Pflanzenmaterial ist ganz generell noch immer ein großes Problem. Die Protein-Analyse ist nicht fein genug. Wir können elektrophoretisch Molekulargewichte abschätzen, aber nur mit einer relativ großen Variationsbreite. Die Absorptionsspektroskopie ist ebenfalls sehr unergiebig in dieser Hinsicht. Fluoreszenz ist ein bißchen besser bezüglich spezieller Parameter, die man herausholen kann. Hier ist also noch sehr viel zu tun, bevor man überhaupt auf solche Fragen eingehen kann.

Es ist tatsächlich so, daß wir bisher, wie Sie selbst gesagt haben, eine sehr beschränkte Auswahl von Methoden anwendeten. Natürlich ist es wünschenswert, zusätzliche Methoden einzusetzen. Wir sind auch daran, zum Beispiel zeitaufgelöste Resonanz-Raman-Spektroskopie instrumentell aufzubauen und für den Einsatz dringend benötigte theoretische Grundlagen zu erarbeiten. Es gibt hier zwar noch einen großen theoretischen Nachholbedarf, doch verspricht Resonanz-Raman, unter Umständen hinsichtlich der Chromophor-Protein-Umgebung viel Neues ans Licht zu bringen.

Herr Stoffel: Sie untersuchen die prosthetische Gruppe. Aber wahrscheinlich liegt die Signalumwandlung beim Protein.

Herr Schaffner: Ja. Mehr als Spekulationen darüber gibt es nicht, aber das dürfte sicher zutreffen.

Herr Stoffel: Könnten CD-Messung weiterhelfen?

Herr Schaffner: Ja. Der Zirkular-Dichroismus von P_r und P_{fr} ist unterschiedlich. Im Moment wird in der Literatur diskutiert, wie die Winkeländerung des Übergangsmoments des Chromophors bezüglich einer festen Proteinmatrix zu interpretieren ist. Da herrscht keine einheitliche Meinung. Ich selbst kann das aufgrund der Literaturdaten auch nicht sehr gut beurteilen.

Ich hatte erst befürchtet, Sie würden etwas anderes ansprechen, nämlich die Diskussion, ob Phytochrom in der Natur als Dimer oder als Tetramer vorliegt, ob es an der Membran reagiert etc. U.a. darum haben wir Phytochrom kovalent an die Membranoberfläche von Liposomen angebunden. Aber weitere schlüssige Resultate liegen noch nicht vor.

Herr Eichhorn: Herr Schaffner, Sie haben mit Ihren Experimenten sehr deutlich gemacht, wie schon mit einer kurzzeitigen Lichtanregung Prozesse in Gang gesetzt werden können. Meine Frage als die eines Laien geht nun dahin: Hat die Pflanze Schutzmaßnahmen gegen eine zu intensive oder auch zu langzeitige Bestrahlung entwickelt, die über den notwendigen Bedarf für ihre Funktionen hinausgeht?

Herr Schaffner: Ja, durchaus. Es gibt Carotinoide, die in den photosynthetischen Reaktionszentren überflüssiges Licht, vor allem auch nicht ausgenutzte Wellenlängenbereiche, wegabsorbieren. Dennoch können genügend große Lichtintensitäten letzten Endes die Pflanze schädigen. Im Bereich der Reaktionszentren - also nicht bei Phytochrom, das nicht so lokalisiert ist - hat die Natur aber einen weiteren Riegel vorgeschoben. Diese Zentren werden bei zu hoher Bestrahlungsintensität geschlossen.

Die Pflanze ist somit an sich relativ gut geschützt. Die Schwierigkeit für die Wissenschaftler lag bis vor kurzem darin, daß man aus analytischen Gründen viel zu hohe Lichtintensitäten benötigte. Oft traten dabei komplexe Annihilationseffekte auf, indem zwei Moleküle in unmittelbarer Nachbarschaft angeregt wurden und dann Prozesse auslösten, die irrelevant und undurchsichtig waren. Die Technik ist heute aber so weit fortgeschritten, daß man mit sehr viel schwächeren Intensitäten arbeiten kann. So sind wir in der glücklichen Lage, ganz schwache Laser - und damit einhergehend außerordentlich leistungsfähige Signal-Akkumulations- und Verarbeitungssysteme - zu haben, statt zu starke Laser, die Unheil verursachen.

Veröffentlichungen
der Rheinisch-Westfälischen Akademie der Wissenschaften

Neuerscheinungen 1983 bis 1988

Vorträge N *Heft Nr.*		NATUR-, INGENIEUR- UND WIRTSCHAFTSWISSENSCHAFTEN
319	*Theo Mayer-Kuckuk, Bonn*	Hermes und das Schaf – interdisziplinäre Anwendungen kernphysikalischer Beschleuniger
320	*Gustav V. R. Born, London*	Die Rolle der Thrombozyten bei der Athero- und Thrombogenese
321	*Siegfried Großmann, Marburg*	Deterministisches Chaos
	Günter Harder, Bonn	Experimente in der Mathematik
322	*1. Akademie-Forum*	Technische Innovationen und Wirtschaftskraft
	Horst Albach	Innovationen für Wirtschaftswachstum und internationale Wettbewerbsfähigkeit
	Alfred Fettweis	Die Elektronikindustrie – Schlüssel für die zukünftige wirtschaftliche Entwicklung
323	*Manfred Depenbrock, Bochum*	Energieumformung und Leistungssteuerung bei einer modernen Universallokomotive
324	*Franz Pischinger, Aachen*	Möglichkeiten zur Energieeinsparung beim Teillastbetrieb von Kraftfahrzeugmotoren
	Dietrich Neumann, Köln	Die zeitliche Programmierung von Tieren auf periodische Umweltbedingungen
325	*Hans-Georg von Schnering, Stuttgart*	Clusteranionen: Struktur und Eigenschaften
	Arndt Simon, Stuttgart	Neue Entwicklungen in der Chemie metallreicher Verbindungen
326	*Fritz Führ, Jülich*	Praxisnahe Tracerversuche zum Verbleib von Pflanzenschutzwirkstoffen im Agrarökosystem
	Hermann Sahm, Jülich	Biogasbildung und anaerobe Abwasserreinigung
327	*Hans-Heinrich Stiller, Jülich/Münster*	Das Projekt Spallations-Neutronenquelle
	Klaus Pinkau, Garching	Stand und Aussichten der Kernfusion mit magnetischem Einschluß
328	*Peter Starlinger, Köln*	Transposition: Ein neuer Mechanismus zur Evolution
	Klaus Rajewsky, Köln	Antikörperdiversität und Netzwerkregulation im Immunsystem
329	*Wilfried B. Krätzig, Bochum*	Große Naturzugkühltürme – Bauwerke der Energie- und Umwelttechnik
	Helmut Domke, Aachen	Neue Möglichkeiten in der Konstruktiven Gestaltung von Bauwerken
330	*Volker Ullrich, Konstanz*	Entgiftung von Fremdstoffen im Organismus
331	*Alexander Naumann †, Aachen* *Holger Schmid-Schönbein, Aachen*	Fluiddynamische, zellphysiologische und biochemische Aspekte der Atherogenese unter Strömungseinflüssen
332	*Klaus Langer, Berlin*	Die Farbe von Mineralen und ihre Aussagefähigkeit für die Kristallchemie
	Tasso Springer, Aachen/Jülich	Diffusionsuntersuchungen mit Hilfe der Neutronenspektroskopie
333	*Wolfgang Priester, Bonn*	Urknall und Evolution des Kosmos – Fortschritte in der Kosmologie
334	*Raoul Dudal, Rom*	Land Resources for the World's Food Production
	Siegfried Batzel, Herten	Der Weltkohlenhandel
335	*Andreas Sievers, Bonn*	Sinneswahrnehmung bei Pflanzen: Graviperzeption
336	*Alain Bensoussan, Paris*	Stochastic Control
	Werner Hildenbrand, Bonn	Über den empirischen Gehalt der neoklassischen ökonomischen Theorie
337	*Jürgen Overbeck, Plön*	Stoffwechselkopplung zwischen Phytoplankton und heterotrophen Gewässerbakterien
	Heinz Bernhardt, Siegburg	Ökologische und technische Aspekte der Phosphoreliminierung in Süßgewässern
338	*Helmut Wolf, Bonn*	Fortschritte der Geodäsie: Satelliten- und terrestrische Methoden mit ihren Möglichkeiten
	Friedel Hoßfeld, Jülich	Parallelrechner – die Architektur für neue Problemdimensionen
339	*Claus Müller, Aachen*	Symmetrie und Ornament (Eine Analyse mathematischer Strukturen der darstellenden Kunst) Jahresfeier am 9. Mai 1984
340	*Karl Gertis, Essen*	Energieeinsparung und Solarenergienutzung im Hochbau – Erreichtes und Erreichbares
	Paul A. Mäcke, Aachen	Die Bedeutung der Verkehrsplanung in der Stadtplanung – heute
341	*Werner Müller-Warmuth, Münster*	Einlagerungsverbindungen: Struktur und Dynamik von Gastmolekülen
	Friedrich Seifert, Kiel	Struktur und Eigenschaften magmatischer Schmelzen

342	*Heinz Losse, Münster*	Die Behandlung chronisch Nierenkranker mit Hämodialyse und Nierentransplantation
	Ekkehard Grundmann, Münster	Stufen der Carcinogenese
343	*Otto Kandler, München*	Archaebakterien und Phylogenie
	Achim Trebst, Bochum	Die Topologie der integralen Proteinkomplexe des photosynthetischen Elektronentransportsystems in der Membran
344	*Marianne Baudler, Köln*	Aktuelle Entwicklungstendenzen in der Phosphorchemie
	Ludwig von Bogdandy, Duisburg	Kontrolle von umweltsensitiven Schadstoffen bei der Verarbeitung von Steinkohle
345	*Stefan Hildebrandt, Bonn*	Variationsrechnung heute
346	*3. Akademie-Forum*	Umweltbelastung und Gesellschaft – Luft – Boden – Technik
	Hermann Flohn	Belastung der Atmosphäre – Treibhauseffekt – Klimawandel?
	Dieter H. Ehhalt	Chemische Umwandlungen in der Atmosphäre
	Fritz Führ u. a.	Belastung des Bodens durch lufteingetragene Schadstoffe und das Schicksal organischer Verbindungen im Boden
	Wolfgang Kluxen	Ökologische Moral in einer technischen Kultur
	Franz Josef Dreyhaupt	Tendenzen der Emissionsentwicklung aus stationären Quellen der Luftverunreinigung
	Franz Pischinger	Straßenverkehr und Luftreinhaltung – Stand und Möglichkeiten der Technik
347	*Hubert Ziegler, München*	Pflanzenphysiologische Aspekte der Waldschäden
	Paul J. Crutzen, Mainz	Globale Aspekte der atmosphärischen Chemie: Natürliche und anthropogene Einflüsse
348	*Horst Albach, Bonn*	Empirische Theorie der Unternehmensentwicklung
349	*Günter Spur, Berlin*	Fortgeschrittene Produktionssysteme im Wandel der Arbeitswelt
	Friedrich Eichhorn, Aachen	Industrieroboter in der Schweißtechnik
350	*Heinrich Holzner, Wien*	Hormonelle Einflüsse bei gynäkologischen Tumoren
351	*4. Akademie-Forum*	Die Sicherheit technischer Systeme
	Rolf Staufenbiel, Aachen	Die Sicherheit im Luftverkehr
	Ernst Fiala, Wolfsburg	Verkehrssicherheit – Stand und Möglichkeiten
	Niklas Luhmann, Bielefeld	Sicherheit und Risiko aus der Sicht der Sozialwissenschaften
	Otto Pöggeler, Bochum	Die Ethik vor der Zukunftsperspektive
	Axel Lippert, Leverkusen	Sicherheitsfragen in der Chemieindustrie
	Rudolf Schulten, Aachen	Die Sicherheit von nuklearen Systemen
	Reimer Schmidt, Aachen	Juristische und versicherungstechnische Aspekte
352	*Sven Effert, Aachen*	Neue Wege der Therapie des akuten Herzinfarktes Jahresfeier am 7. Mai 1986
353	*Alarich Weiss, Darmstadt*	Struktur und physikalische Eigenschaften metallorganischer Verbindungen
	Helmut Wenzl, Jülich	Kristallzuchtforschung
354	*Hans Helmut Kornhuber, Ulm*	Gehirn und geistige Leistung: Plastizität, Übung, Motivation
	Hubert Markl, Konstanz	Soziale Systeme als kognitive Systeme
355	*Max Georg Huber, Bonn*	Quarks – der Stoff aus dem Atomkerne aufgebaut sind?
	Fritz G. Parak, Münster	Dynamische Vorgänge in Proteinen
356	*Walter Eversheim, Aachen*	Neue Technologien – Konsequenzen für Wirtschaft, Gesellschaft und Bildungssystem –
357	*Bruno S. Frey, Zürich*	Politische und soziale Einflüsse auf das Wirtschaftsleben
	Heinz König, Mannheim	Ursachen der Arbeitslosigkeit: zu hohe Reallöhne oder Nachfragemangel?
358	*Klaus Hahlbrock, Köln*	Programmierter Zelltod bei der Abwehr von Pflanzen gegen Krankheitserreger
359	*Wolfgang Kundt, Bonn*	Kosmische Überschallstrahlen
	Theo Mayer-Kuckuk, Bonn	Das Kühler-Synchrotron COSY und seine physikalischen Perspektiven
360	*Frederick H. Epstein, Zürich*	Gesundheitliche Risikofaktoren in der modernen Welt
	Günther O. Schenck, Mülheim/Ruhr	Zur Beteiligung photochemischer Prozesse an den photodynamischen Lichtkrankheiten der Pflanzen und Bäume (‚Waldsterben')
361	*Siegfried Batzel, Herten*	Die Nutzung von Kohlelagerstätten, die sich den bekannten bergmännischen Gewinnungsverfahren verschließen Jahresfeier am 11. Mai 1988
362	*Erich Sackmann, München*	Biomembranen: Physikalische Prinzipien der Selbstorganisation und Funktion als integrierte Systeme zur Signalerkennung, -verstärkung und -übertragung auf molekularer Ebene
	Kurt Schaffner, Mülheim/Ruhr	Zur Photophysik und Photochemie von Phytochrom, einem photomorphogenetischen Regler in grünen Pflanzen
363	*Klaus Knizia, Dortmund*	Energieversorgung im Spannungsfeld zwischen Utopie und Realität
	Gerd H. Wolf, Jülich	Fusionsforschung in der Europäischen Gemeinschaft

ABHANDLUNGEN

Band Nr.		
54	*Richard Glasser, Neustadt a. d. Weinstr.*	Über den Begriff des Oberflächlichen in der Romania
55	*Elmar Edel, Bonn*	Die Felsgräbernekropole der Qubbet el Hawa bei Assuan. II. Abteilung: Die althieratischen Topfaufschriften aus den Grabungsjahren 1972 und 1973
56	*Harald von Petrikovits, Bonn*	Die Innenbauten römischer Legionslager während der Prinzipatszeit
57	*Harm P. Westermann u. a., Bielefeld*	Einstufige Juristenausbildung. Kolloquium über die Entwicklung und Erprobung des Modells im Land Nordrhein-Westfalen
58	*Herbert Hesmer, Bonn*	Leben und Werk von Dietrich Brandis (1824–1907) – Begründer der tropischen Forstwirtschaft. Förderer der forstlichen Entwicklung in den USA. Botaniker und Ökologe
59	*Michael Weiers, Bonn*	Schriftliche Quellen in Mog̊olī, 2. Teil: Bearbeitung der Texte
60	*Reiner Haussherr, Bonn*	Rembrandts Jacobssegen Überlegungen zur Deutung des Gemäldes in der Kasseler Galerie
61	*Heinrich Lausberg, Münster*	Der Hymnus ›Ave maris stella‹
62	*Michael Weiers, Bonn*	Schriftliche Quellen in Mog̊olī, 3. Teil: Poesie der Mogholen
63	*Werner H. Hauss, Münster* *Robert W. Wissler, Chicago,* *Rolf Lehmann, Münster*	International Symposium 'State of Prevention and Therapy in Human Arteriosclerosis and in Animal Models'
64	*Heinrich Lausberg, Münster*	Der Hymnus ›Veni Creator Spiritus‹
65	*Nikolaus Himmelmann, Bonn*	Über Hirten-Genre in der antiken Kunst
66	*Elmar Edel, Bonn*	Die Felsgräbernekropole der Qubbet el Hawa bei Assuan. Paläographie der althieratischen Gefäßaufschriften aus den Grabungsjahren 1960 bis 1973
67	*Elmar Edel, Bonn*	Hieroglyphische Inschriften des Alten Reiches
68	*Wolfgang Ehrhardt, Athen*	Das Akademische Kunstmuseum der Universität Bonn unter der Direktion von Friedrich Gottlieb Welcker und Otto Jahn
69	*Walther Heissig, Bonn*	Geser-Studien. Untersuchungen zu den Erzählstoffen in den „neuen" Kapiteln des mongolischen Geser-Zyklus
70	*Werner H. Hauss, Münster* *Robert W. Wissler, Chicago*	Second Münster International Arteriosclerosis Symposium: Clinical Implications of Recent Research Results in Arteriosclerosis
71	*Elmar Edel, Bonn*	Die Inschriften der Grabfronten der Siut-Gräber in Mittelägypten aus der Herakleopolitenzeit
72	*(Sammelband)*	Studien zur Ethnogenese
	Wilhelm E. Mühlmann	Ethnogonie und Ethnogonese
	Walter Heissig	Ethnische Gruppenbildung in Zentralasien im Licht mündlicher und schriftlicher Überlieferung
	Karl J. Narr	Kulturelle Vereinheitlichung und sprachliche Zersplitterung: Ein Beispiel aus dem Südwesten der Vereinigten Staaten
	Harald von Petrikovits	Fragen der Ethnogenese aus der Sicht der römischen Archäologie
	Jürgen Untermann	Ursprache und historische Realität. Der Beitrag der Indogermanistik zu Fragen der Ethnogenese
	Ernst Risch	Die Ausbildung des Griechischen im 2. Jahrtausend v. Chr.
	Werner Conze	Ethnogenese und Nationsbildung – Ostmitteleuropa als Beispiel
73	*Nikolaus Himmelmann, Bonn*	Ideale Nacktheit
74	*Alf Önnerfors, Köln*	Willem Jordaens, Conflictus virtutum et viciorum. Mit Einleitung und Kommentar
75	*Herbert Lepper, Aachen*	Die Einheit der Wissenschaften: Der gescheiterte Versuch der Gründung einer „Rheinisch-Westfälischen Akademie der Wissenschaften" in den Jahren 1907 bis 1910
76	*Werner H. Hauss, Münster* *Robert W. Wissler, Chicago* *Jörg Grünwald, Münster*	Fourth Münster International Arteriosclerosis Symposium: Recent Advances in Arteriosclerosis Research
78	*(Sammelband)*	Studien zur Ethnogenese, Band 2
	Rüdiger Schott	Die Ethnogenese von Völkern in Afrika
	Siegfried Herrmann	Israels Frühgeschichte im Spannungsfeld neuer Hypothesen
	Jaroslav Šašel	Der Ostalpenbereich zwischen 550 und 650 n. Chr.
	András Róna-Tas	Ethnogenese und Staatsgründung. Die türkische Komponente bei der Ethnogenese des Ungartums
	Register zu den Bänden 1 (Abh. 72) und 2	

Sonderreihe PAPYROLOGICA COLONIENSIA

Vol. I

Aloys Kehl, Köln — Der Psalmenkommentar von Tura, Quaternio IX

Vol. II

Erich Lüddeckens, Würzburg, P. Angelicus Kropp O. P., Klausen, Alfred Hermann und Manfred Weber, Köln — Demotische und Koptische Texte

Vol. III

Stephanie West, Oxford — The Ptolemaic Papyri of Homer

Vol. IV

Ursula Hagedorn und Dieter Hagedorn, Köln, Louise C. Youtie und Herbert C. Youtie, Ann Arbor — Das Archiv des Petaus (P. Petaus)

Vol. V

Angelo Geißen, Köln
Wolfram Weiser, Köln

Katalog Alexandrinischer Kaisermünzen der Sammlung des Instituts für Altertumskunde der Universität zu Köln
Band 1: Augustus-Trajan (Nr. 1–740)
Band 2: Hadrian-Antoninus Pius (Nr. 741–1994)
Band 3: Marc Aurel-Gallienus (Nr. 1995–3014)
Band 4: Claudius Gothicus–Domitius Domitianus, Gau-Prägungen, Anonyme Prägungen, Nachträge, Imitationen, Bleimünzen (Nr. 3015–3627)
Band 5: Indices zu den Bänden 1 bis 4

Vol. VI

J. David Thomas, Durham

The epistrategos in Ptolemaic and Roman Egypt
Part 1: The Ptolemaic epistrategos
Part 2: The Roman epistrategos

Vol. VII — Kölner Papyri (P. Köln)

Bärbel Kramer und Robert Hübner (Bearb.), Köln — Band 1
Bärbel Kramer und Dieter Hagedorn (Bearb.), Köln — Band 2
Bärbel Kramer, Michael Erler, Dieter Hagedorn und Robert Hübner (Bearb.), Köln — Band 3
Bärbel Kramer, Cornelia Römer und Dieter Hagedorn (Bearb.), Köln — Band 4
Michael Gronewald, Klaus Maresch und Wolfgang Schäfer (Bearb.), Köln — Band 5
Michael Gronewald, Bärbel Kramer, Klaus Maresch, Maryline Parca und Cornelia Römer (Bearb.) — Band 6

Vol. VIII

Sayed Omar (Bearb.), Kairo — Das Archiv des Soterichos (P. Soterichos)

Vol. IX — Kölner ägyptische Papyri (P. Köln ägypt.)

Dieter Kurth, Heinz-Josef Thissen und Manfred Weber (Bearb.), Köln — Band 1

Vol. X

Jeffrey S. Rusten, Cambridge, Mass. — Dionysius Scytobrachion

Vol. XI

Wolfram Weiser, Köln

Katalog der Bithynischen Münzen der Sammlung des Instituts für Altertumskunde der Universität zu Köln
Band 1: Nikaia. Mit einer Untersuchung der Prägesysteme und Gegenstempel

Vol. XII

Colette Sirat, Paris u. a. — La *Ketouba* de Cologne. Un contrat de mariage juif à Antinoopolis

Vol. XIII

Peter Frisch, Köln — Zehn agonistische Papyri

Vol. XIV

Ludwig Koenen, Ann Arbor
Cornelia Römer (Bearb.), Köln

Der Kölner Mani-Kodex.
Über das Werden seines Leibes. Kritische Edition mit Übersetzung.

GPSR Compliance

The European Union's (EU) General Product Safety Regulation (GPSR) is a set of rules that requires consumer products to be safe and our obligations to ensure this.

If you have any concerns about our products, you can contact us on ProductSafety@springernature.com

In case Publisher is established outside the EU, the EU authorized representative is:

Springer Nature Customer Service Center GmbH
Europaplatz 3
69115 Heidelberg, Germany

Batch number: 10584556

Printed by Printforce, the Netherlands